设施完整性管理

——石油化工产业生产设施
高效管理规范与实践

[英] 迈克尔·盖伊·戴顿 著

余华贵 程国建 白剑锋 等译

石油工业出版社

内容提要

本书介绍了设施完整性管理卓越标准模型的内涵与运用方法，内容包括设施完整性卓越标准模型，基于风险控制的企业文化(RCC)，设施完整性和可靠性、维护管理、运营管理，设施完整性支撑条件、组织、完善和改进、实施等。

本书可为石油石化企业决策者提供管理思路，也可作为设施完整性管理专业人员的参考手册，同时可作为资源与环境相关领域专业的教材。

图书在版编目(CIP)数据

设施完整性管理：石油化工产业生产设施高效管理规范与实践／(英)迈克尔·盖伊·戴顿(Michael Guy Deighton)著；余华贵等译. — 北京：石油工业出版社，2023.11
(Facility Integrity Management：Effective Principles and Practices for the Oil, Gas and Petrochemical Industries)
ISBN 978-7-5183-5597-6

Ⅰ.①设… Ⅱ.①米… ②余… Ⅲ.①石油化工设备-设备管理-管理规范 Ⅳ.①TE65

中国版本图书馆 CIP 数据核字(2022)第 172904 号

Facility Integrity Management：Effective Principles and Practices for the Oil, Gas and Petrochemical Industries
Michael Guy Deighton
ISBN：9780128017647

注意

本书涉及领域的知识和实践标准在不断变化。新的研究和经验拓展我们的理解，因此须对研究方法、专业实践或医疗方法作出调整。从业者和研究人员必须始终依靠自身经验和知识来评估和使用本书中提到的所有信息、方法、化合物或本书中描述的实验。在使用这些信息或方法时，他们应注意自身和他人的安全，包括注意他们负有专业责任的当事人的安全。在法律允许的最大范围内，爱思唯尔、译文的原文作者、原文编辑及原文内容提供者均不对因产品责任、疏忽或其他人身或财产伤害及/或损失承担责任，亦不对由于使用或操作文中提到的方法、产品、说明或思想而导致的人身或财产伤害及/或损失承担责任。

北京市版权局著作权合同登记号：01-2022-4859

出版发行：石油工业出版社
　　　　　(北京安定门外安华里 2 区 1 号　100011)
　　网　　址：www. petropub. com
　　编辑部：(010)64210387　图书营销中心：(010)64523633
经　　销：全国新华书店
印　　刷：北京中石油彩色印刷有限责任公司

2023 年 11 月第 1 版　2023 年 11 月第 1 次印刷
787×1092 毫米　开本：1/16　印张：9.25
字数：240 千字

定价：58.00 元
(如出现印装质量问题，我社图书营销中心负责调换)
版权所有，翻印必究

译者前言

设施完整性管理始终贯穿着油气生产的全过程，其关键在于构建合理的管理框架，使生产设施高效运转，人员各司其职，生产资料配置合理，生产流程严密安全，从而使整个生产环节运营效率产生更大的经济效益。迈克尔·盖伊·戴顿先生是一位从事设施完整性管理、维护、运营和项目投资等方面工作的资深工程师，他将其 20 多年的石油石化企业完整性管理经验总结出了一套设施完整性管理卓越模型。这套模型的核心出发点是基于风险控制，将设施完整性管理分为技术设备、人员组织、支撑流程等三个方面，在每一个方面均给出了具体的要求与工作流程，可为读者借鉴。本书是迈克尔·盖伊·戴顿先生从事设施完整性管理的总结。

本书第 1 章至第 8 章由余华贵翻译，第 9 章由程国建翻译，第 10 章、第 11 章由白剑锋翻译。全书的校译和统稿由余华贵完成，图表整理由王鹏协助完成。

感谢西安石油大学李天太教授、曹杰博士、邓志安教授等给予的帮助和支持；感谢西安石油大学优秀学术著作出版基金和科研启动基金给予的资助。

由于译者水平有限，书中难免存在疏漏之处，恳请读者批评指正。

谨以此书献给我美丽的妻子珍妮(Jenni)，感谢她长期以来给予我工作的支持。同时，感谢我亲爱的孩子们：艾萨克(Isaac)、伊莎贝尔(Isabelle)和盖伊(Guy)。

致　　谢

值本书付梓之际，心中感慨万千。幸有贵人相助，本书才能面世。

首先，我要感谢爱思唯尔(Elsevier)出版公司。凯蒂·哈蒙(Katie Hammon)独具慧眼，从一开始就相信我能写好本书。凯蒂·华盛顿(Kattie Washington)在我12个月的写作过程中一直大力支持。阿努沙·萨巴姆斯(Anusha Sambamoorthy)帮我完成了统稿和出版。

其次，我要感谢在我职业生涯中有幸遇到的前辈。康菲石油公司的詹姆斯·穆尔(James Moore)、罗杰·布鲁克斯(Roger Brooks)博士、迈克·雷丁(Mike Reading)，杜邦公司的约翰·沙纳汉(John Shanahan)、戴夫·韦杰(Dave Wager)，阿拉伯联合酋长国扎库姆开发公司的K.S.塞巴斯蒂安(K.S.Sebastian)，纽卡斯尔大学的伊恩·波茨(Ian Potts)博士、杰克·黑尔(Jack Hale)博士，斯托克斯里学院的J.波维尔(J.Borwell)，是他们引导并鼓舞我完成本书。

然后，我要感谢我的母亲卡罗尔(Carole)和我的父亲艾伦(Alan)。他们无私奉献，循循教导，促我得以成才。即使我工作之后，他们也一如既往地要求我在每一件事情上都做到完美。"世上无难事"是他们的座右铭。谢谢您们，我深爱的爸爸妈妈！

最后，我要感谢我的妻子和孩子。为完成此书，我经常夜以继日，牺牲了很多本该与家人一起度过的周末。感谢我善良的妻子珍妮(Jenni)和贴心的孩子们：艾萨克(Isaac)、伊莎贝尔(Isabelle)和盖伊(Guy)，感谢你们的理解和陪伴。

迈克尔·盖伊·戴顿(Michael Guy Deighton)

2015 年

前　　言

本书主要介绍了在石油石化工业中实践过的一系列设施完整性管理的安全生产操作法则，这些法则有效、可靠、可操作。

笔者在油气与石化行业不同岗位上工作了 20 多年的资深工程师，一直在世界顶尖的油气石化公司从事设施完整性管理、维护、运营和项目投资等方面的工作，支持了多项世界级跨国油气公司的设施完整性管理方案的制订与实施。笔者在企业中的任职有高级完整性管理顾问、可靠性管理首席专家、维护经理，现场施工经理，运营经理和项目总监，同时还是美国机械工程师协会会员，拥有机械工程和商业管理双硕士学位。

在笔者职业生涯中，他曾经主导开发了很多新的设备完整性管理体系。基于工作经验和专业知识，笔者开发了一套全方位的石油化工产业设施完整性管理卓越模型。该模型可以对完整性、可靠性、操作规程、维修过程及人员进行深度管理。该模型是建立在设施完整性管理与规范化操作紧密协作的前提之下，缺少一环，整个体系即会崩溃失效。因此，这套完整性管理卓越模型基于整体思想，整合了其中的关键概念，是石油石化行业的研究人员、工程师和设施管理人员的一本通俗易懂的实用指南。

定义和术语

可接受风险	风险级别最低，相对安全。无需演示 ALARP。
ALARP	风险已降低到合理可行的水平。
ASME	美国机械工程师协会（American Society of Mechanical Engineers 的缩写）。
查证	对生产活动和生产系统进行全面和独立的检查，以确定既定目标是否有效执行。
有效度	组件、设备或系统的运行时间与总时间比例。
核对清单法	一种用于危害识别的比较方法。该方法以根据经验汇总的故障模式列表为依据。
CMMS	计算机化维护管理系统（Computerized Maintenance Management System 的缩写）。
后果	危险事件的结果。
DMAIC	六西格玛项目执行方法："定义，测量，分析，改进，控制"。
DMS	文件管理系统（Document Management System 的缩写）。
停机时间	机器或系统脱机或无法运行的时间。停机时间通常是因为系统故障或例行维护造成的，与其相反的是正常运行时间。
EMOC	设备维护和运行卡（Equipment Maintenance and Operating Card 的缩写）。
EMOP	设备维护和运行计划（Equipment Maintenance and Operating Plan 的缩写）。
事件树	一种以图形方式表达归纳推理的方法，通常由事件产生的起因，中间过程和最终的结果组成。
爆炸	极短的时间内释放巨大的能量，产生脉冲压力或爆炸波。
FEF	设施及设备故障（Facility Equipment Failure 的缩写）。
故障树	一种使用逻辑关系和演绎推理的方法，通常以系统方式确定特定事件发生的主要原因。
FIEM	设施完整性管理卓越模型（Facilities Integrity Excellence Model 的缩写）。
FI&R	设施完整性和可靠性（Facility Integrity & Reliability 的缩写）。
频率	单位时间发生的次数。
功能性	系统执行其指定指令的能力。功能性可以通过识别关键功能参数来表征和演示。
GIS	全球信息系统（Global Information Systems 的缩写）。
危险	一系列可能造成人身伤害，财产损失和环境破坏的客观条件与主观行为。
危险分析	给定危险相关后果的确定。
HAZOP	危险与可操作性研究（Hazard and Operability Study 的缩写），一种运用引导词来定性或半定量识别危险的方法，分析设施运行过程中工艺参数与设计参数之间的偏差。

HVAC	供热、通风与空气调节(Heating, Ventilation and Air Conditioning 的缩写)。
ICMS	检测和腐蚀管理系统(Inspection and Corrosion Management System 的缩写)。
完整性限制	设备和系统的工作运行极限。
ISO	国际标准化组织(International Organization for Standardization 的缩写)。
IT	信息技术(Information Technology 的缩写)。
KPI	关键绩效指标(Key Performance Indicators 的缩写)。
LPG	液化石油气(Liquefied Petroleum Gas 的缩写)。
LPO	失去获利机会(Lost Profit Opportunity 的缩写)。
MCC	电动机控制中心(Motor Control Center 的缩写)。
风险消减措施	事故发生后,将事故后果对人员和设施的影响降至最低的措施。
MMS	维护管理系统(Maintenance Management System 的缩写)。
MTBF	平均无故障时间(Mean Time Between Failures 的缩写),指生产系统从一次故障到下一次故障的平均时间。
MTBR	平均无维修时间(Mean Time Between Repairs 的缩写),指生产系统从一次维修到下一次维修之间的平均时间。
MTTR	平均修复时间(Mean time to repair 的缩写),指设备或系统在故障发生后每次维修并恢复生产所需的平均时间。
NDT	非破坏性测试(Non-Destructive Testing 的缩写)。
OEM	原始设备制造商(Original Equipment Manufacturer 的缩写)。
P&ID	管道和仪表图(Piping and Instrumentation Diagram 的缩写)。
执行标准	一种以定性或定量的方式表达系统,设备、人员或程序所需的性能指标的陈述,是风险管理的基础。
PHA	过程和危害分析(Process and Hazard Analysis 的缩写)。
PMI	阳极材料识别(Positive Material Identification 的缩写)。
风险预案	提前预防可能会发生的一系列危险后果的工程体系和管理方案。
风险可能性	发生某项特定风险的可能性(以 0 到 1 的比例表示)。
冗余设施	具有相同功能的备用设施系统,以保证系统更加可靠、安全地工作。
可靠性	通过在指定时间间隔内,在指定环境中由受过训练的人员进行适当的设计,并能够运用正确的设备操作来避免设备和运行过程中的故障。可靠性是组件或系统执行必需指定功能的概率。
残余风险	在采取了所有预防、控制或缓解风险的合理步骤后,仍然存在的风险。
风险	事件发生的可能性或概率及其后果的乘积。
风险分析	对概率和风险进行量化计算,而不对其相关性做出任何判断。
风险评估	根据风险的可能性和后果以及在适当情况下的重要性对其进行的系统分析。
风险控制	决定接受已知或评估的风险和(或)采取措施以减少后果或发生概率的过程。
RTF	对非关键设备故意采用"运行直至损坏"的维护策略。
安全管理体系	为满足指定安全目标所采取的程序组织和应用方法。

SAP	原料需求计划和订购软件。SAP 也可能指德国软件公司的缩写："Systeme，Anwendungen，Produkte in der Datenverarbeitung"。此外，SAP 在数据处理领域也可理解为"系统，应用程序和产品（System，Application and Product）"。
TMT	过渡管理团队（Transition Management Team 的缩写）。
开机时间	衡量系统"打开"和运行的时间。用于描述停机时间（系统无法运行时间）的相反情况。
异常	设备非正常运行时，与正常运行时性能上的偏差。

以下术语为译者增加

RCC	基于风险控制的企业文化（Risk-Centered Culture 的缩写）。
PDCA	Shewhart 循环的流程"计划"-"执行"-"检查"-"行动"（"Plan"-"Do"-"Check"-"Act"），简称 PDCA。
CM	状态监视（Condition Monitoring 的缩写）。
RCA	根本原因分析（Root Cause Analysis 的缩写）。
RBI	以风险为基准的检查（Risk-Based Inspection 的缩写）。
RCM	以可靠性为中心的维护（Reliability Centered Maintenance 的缩写）。
IPF	仪表保护功能（Instrumented Protective Function 的缩写）。
SIS	安全仪表系统（Safety Instrumented Systems 的缩写）。
PSSR	启动前安全审查（Pre-Start-up Safety Review）的缩写。
MOC	变更管理（Management-Of-Change 的缩写）。
QMS	质量管理系统（Quality Management System 的缩写）。
PPE	个人防护装备（Personal Protective Equipment 的缩写）。

目　　录

1 绪 论

1.1 设施完整性管理定义

石油化工行业每年需要投入数十亿美元来进行设施完整性管理。如果设施完整性管理得当,会延长设施的使用年限,提高设备运行效率,优化生产工艺流程,减少公司生产成本,使公司盈利。反之,大型公司的公司也可能破产。

设施完整性管理指在整个生产周期中,人员、设施、流程、物料各归其位,达到最有效利用的过程。这是一项需要在资源和产出之间实现最佳平衡的操作,其关键在于构建合理的管理框架,使生产设施高效运转,减少不必要的损耗,从而在生产中使所有的生产资料得到优化配置。

本书旨在阐明石油化工产业设施完整性管理的原则,以此指导生产、保障机械设备高效运行、提升生产系统的安全性,从而提升整个生产环节运营效率,产生更大的经济效益。同时,书中也对关键原则和具体流程进行了详细说明,其中包含了经现场实践验证的参考资料。

1.2 设施完整性管理的必要性

随着行业不断发展,能够生产出具有高性价比的高品质产品已经成为获得商业成功的关键。石化和油气产业也面临着极大地挑战,各大生产商均在朝着安全生产、环境友好、设备随时待命并平稳运转的方向努力。为满足客户需求,生产商们不断革新技术、改进方法,以提高设备和流程的运转效率,降低生产成本。

在过去的几十年中,石化和油气产业在设施的完整性管理方面发生了巨大的变化,其幅度可能比大多数其他工业市场发生的变化更大。这些变化是由一些关键动机来驱动的。其中最基本的动机是希望通过逐步改进设施安全管理程序,提前应对生产设施中潜在的风险。尤其是在同行竞争日益激烈的情况下,为了能够获得利润空间,生产商往往需要千方百计地降低运营成本。除此之外,终端用户需求的提高和日益严格的立法程序使得市场对更高规格产品的需求量不断上升,汽车工业、航空工业对于产品的要求都越加严格,这就促进了石化工业必须不断革新。

这些变化对石油化工产业形成了深远的影响,能够应对更复杂流程、更长生产时间及更高效率的流程和设施的需求不断提出,随之而来的是与这些流程和设施配套的产品革新。

面对如此巨大的变化,管理者们需要找到更有成本效益的新方法来提高设施设备的可靠性,从而最大限度地延长正常运行时间并优化维护和运营工作,同时以减少计划外的停机时间。

许多生产商开始以基础原则为标准进行反思,并重新梳理现行设施完整性与维护工作的运作方式。过去，负责设施完整性和可靠性、维护、运营的部门都是独立运行——也就是说它们各自为政，很大程度上并没有协同合作。这不经意之间成了核心完整性部门与周围部门交流的障碍，导致部门间信息不畅，对设施运营产生负面影响。近年来，很多石油化工事故影响重大，这使生产商们开始考虑将负责完整性和可靠性的部门单独划归出来，与维护和运营部门一起工作，其主要目标是确保安全运行和维护，保证生产过程和设施设备的安全、高效和可控。以2001年4月16日英国亨伯炼油厂（the Humber Refinery）发生的爆炸和火灾事故为例进行详细说明。这是一场非常严重的爆炸和火灾事故。英国健康与安全执行局（the UK Health and Safety Executive）对这起事故进行了调查[1]。事故调查报告着重指出炼油厂组织结构应重新修正，并强调了完整性部门的重要性。第2章会更详细地对此案例进行研究探讨。

为了能够使各生产环节密切协调，确保已经考虑并充分照顾到与设施完整性有关的所有方面，一套高效、完善的设施完整性管理体系必不可少。有效的完整性管理系统的开发和实施，需要整个体系的共同努力。

1.3　设施完整性管理的作用

设施完整性管理在石油石化产业中的基本作用：
（1）最大限度地提高设施的可用性。
（2）为生产设施提供完整性保障。

对石油石化产业而言，维护和保障设施完整性的作用日益凸显。在执行完整性管理方案后，生产风险能识可控、工艺流程更加优化、设备使用寿命得以延长、整个运营环境的改善也会坚定投资者的信心。

维护及设备完整性在设施的整体运行寿命中扮演着重要的角色。其理念不仅仅存在于实际运营阶段，在设施设计、设备安装等前期工作中，也应在重要安全流程中涉及。下面将依次详细介绍维护和完整性基本作用的每个方面。

1.3.1　保障全部设施的可用性

可用性是设备正常启动运行的度量指标，具体指设备和系统按其设计寿命和功能运行的频率。在目前的市场形势下，全球能源需求在不断上升，油气产品的产量也在上升，设备设施的可用性已经成为本行业取得商业成功的重要保障。

自1952年以来，《BP世界能源统计年鉴》（the BP Statistical Review of World Energy）每年都会发布世界能源市场的数据。如此时间跨度长且来源可靠的数据配合当下的情况，有助于人们理解世界能源格局的变化。2014年6月发布的《BP世界能源统计年鉴》公布了全球原油、天然气及其他能源的需求。

图1.1显示了过去25年中各地区原油的生产和消费情况。1988年，世界原油需求约为每天 $6500×10^4$ bbl，到2013年增长到每天超过 $9000×10^4$ bbl。即25年中，全球原油消费量增长了近1.5倍。

天然气与原油具有相似的趋势，1988年世界天然气需求约为每天 $1.8×10^{12} m^3$，到2014年已增长到每天近 $3.5×10^{12} m^3$，在25年中增长了近2倍。

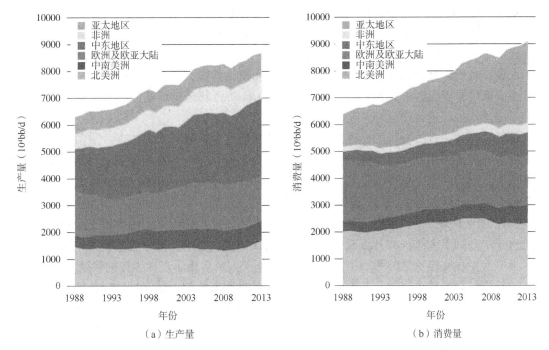

（a）生产量   （b）消费量

图1.1　2014年《BP世界能源统计年鉴》中按地区统计的能源生产量与消费量

随着油气产品及其衍生产品需求量的激增，石油化工产业蓬勃发展。在全球环境不断恶化的大背景下，石油石化产业必须严格遵守环境准则。

全球减排计划是这种变化的最明显表现之一。《京都议定书》是众多减排标准的鼻祖，其内容倡导管制汽车、工业制造、发电厂及小型设备(例如柴油发电机)排放的污染物。许多其他的排放标准和相关机构[2]，包括美国环境保护署（EPA）、1970年版《清洁空气法》（Clean Air Act 1970）、英国健康与安全执行局（UK Health and Safety Executive）等都遵循《京都议定书》的内容。

应用工业的改变使石化产品需求量的上升，同时也对产品的性能提出了新的要求。于是，为了保持竞争力，生产商们只能根据世界级安全标准逐步改变生产方法、开发新流程，以提高产量、延长设备运行时间，同时尽量降低运营和维护成本。

此外，在生产过程中，操作的复杂性及操作维护也大幅增加，维护和运营的难度相应增长。

对此，油气产品生产商的应对措施是认真对生产过程中的完整性管理、可靠性和维护方式进行评估，以期进行彻底的变革。

1.3.2　保障所有设施设备的完整性

在过去50年里，石油化工行业发生了多起重大事故，造成严重的人员伤亡、财产损失及环境污染，一次次将整个产业的安全性推向风口浪尖。公众有理由对石化和油气产业设施的安全提高警惕。

引起安全事故的潜在原因很多。在众多可能导致安全事故的因素中，设施完整性管理被认为是主要原因之一。近年来发生的许多事故也为此提供了有力的证据。以下是石油化工中两起因完整性管理不当导致的重大事故。

1.3.2.1 派珀·阿尔法(Piper Alpha)海上平台事故

1988年7月6日，世界上最致命的海上石油钻井平台事故发生了。事故发生的22min内，在该平台上工作的228人中有167人丧生❶。

在该事故的调查报告中，苏格兰法官卡伦(Cullen)认为：这是一起典型的重大人为灾难，主要原因是美国西方石油公司(Occidental Petroleum)既未对设施进行充分检修，也没有按照安全操作规程进行作业。

导致这起致命事故发生的原因既有设计上的缺陷，也有操作上的失误。最关键的因素是后期改造背离了初期设计，派珀·阿尔法海上平台上最敏感的中央控制室附近新增了天然气压缩模块。事后，这个模块的安装位置被认为是该平台上最危险的生产区域之一。很明显，在后期改造的运营管理中，这个敏感因素并没有被注意到。在改造完成后的操作过程中，运营人员还做出了保持平台生产运行的错误决定，而支持这项错误决定的理由正是因为平台刚刚进行了一系列重大维护和升级改造。人为的错误决定，更增加了海上平台的风险因素。

危险发生在交接班之间❷，由于缺乏沟通，施工人员启用了正在维护的管道。

该管道仅做了简单密封，并未安装安全阀。各种因素叠加，最终导致天然气在高压下泄漏并发生爆炸。更糟糕的是，由于这个平台最初的用途是开采石油而非安全等级更高的要求天然气，因此防火墙仅能防火而不能防爆，导致本应起到保护作用的防火墙完全未能发挥作用。

卡伦在事故报告中列出了106项经验教训，这些教训后来都被业界广为接受。这起重大事故给油气开采行业产生了深远的影响，并引发了对安全生产管理法规的全面改革，包括1992年发布的《海上设施(安全条例)法》(Offshore Installations (Safety Case) Regulations 1992)。依照其规定，所有石化和油气产品生产商都必须向英国健康与安全执行局提交安全规程[3]。

1.3.2.2 弗利克斯伯勒(Flixborough)化工厂事故

1974年6月1日，位于英国弗利克斯伯勒(Flixborough)的耐普罗(Nypro)化工厂发生大规模爆炸，造成28人死亡，并对该工厂及周边地区造成严重财产损失。这起事故在当地造成了巨大的破坏。爆炸后约10天大火才被扑灭，工厂方圆1mile范围内1000座房屋受损，临近村庄也未能幸免。

耐普罗化工厂利用高度易燃的环己酮生产己内酰胺，以供尼龙生产之用。爆炸事故发生之前，曾发现工厂内有一个反应器出现垂直裂纹并伴有环己酮泄漏。该设备随后被关停以进行调查，然而调查之后的错误操作导致反应器在之后出现了严重问题——在有故障的反应器被停用之后，有人用一条旁支管道替代了这个反应器，之后生产继续进行。

1974年6月1日16点53分，旁支管道爆裂，大量的环己酮喷出。易燃物环己酮遇到了

---

❶派珀·阿尔法海上平台位于英国北海，距离阿伯丁海岸东北方177km，水深144m，与之共建的还有MCP-01、克雷默(Claymore)、塔丁(Tartan)三个平台。1980年，由于要开发天然气，该平台进行了改造并增加了天然气压缩机组，将克雷默平台和塔丁平台同该平台生产的天然气压缩后外输。这组压缩机正好位于中央控制室旁边，且二者之间的防火墙设计未能达到防爆等级。

❷1988年7月6日晚上交接班时，凝析油备用泵安全阀被拆下后仅用临时法兰封上，而这一关键信息未明确告知下一班次工作人员。倒班后，操作人员启用了仅安装临时法兰的备用泵，由于法兰螺栓未上紧导致30~80kgf的高压天然气喷出产生爆炸。爆炸摧毁了中央控制室的防火隔板，造成控制室大量人员伤亡。

火源后，立刻发生爆炸，产生了巨大的爆炸云。

经法院调查，这起事故由一系列的过失导致。调查报告指出该工厂"设计良好，建设完善"，但在安装旁支管道时根本没有进行全面的安全评估，造成对潜在的危险认识不足。不仅如此，在改造时，对旁支管道完整性的测算也不充分。在安装前，旁支管道弯曲部分未通过任何测算，也没有为管道修改绘制专用的图纸。更糟糕的是，新安装的旁支管道也完全没有进行包括压力测试在内的任何测试分析。

调查报告指出，在事故发生之前，该工厂内施工人员明显存在个人能力和经验上的不足。这一点在改造旁支管道的过程中体现得尤为突出。事实上，在事故发生时，该工厂工程部门里甚至连一个具有专业资格的工程师都没有。

控制室里的 18 名职员均因窗户破裂、房屋倒塌而丧生。在房屋布局方面，包括控制室在内，均未考虑瞬间发生的重大灾难。甚至，控制室的结构设计也不能防御危险事件。

不少造成事故的失当事实和经验教训在调查报告中得到了强调。比如，在设施改造过程中，需要对改造变更内容进行适当的管理。改造变更部分的设计、建造、测试和维护应与原始工厂设施的标准相同。

在这起事故中，设施修改期间并没有进行危害评估或危害可操作性研究（HAZOP）。事实上这项研究对于深入了解设施修改具有重要意义。此项研究的缺失，直接导致对可能发生的风险无法预测。此外，事故是在启动过程中发生的，而启动过程是一个特别令人紧张的环境，对制定关键决策尤为不利。例如在启动时发现，用于惰化的氮气不足。作为控制或降低压力的方法，氮气的不足将抑制废气的排出。在没有应急预案的情况下，是很难在如此紧张的环境中作出正确决策的。

这起事故发生之后，公众对这种缺乏变更管理的行为予以猛烈抨击和强烈抗议，协助推进英国对安全管理过程进行了更加具体化和系统化的改革。公众批判的重点在于首次泄漏后事故工厂的快速重启、未能进行合理的设施修改，且未能对此修改对未来生产和安全产生的影响作出预估[4]。

1.3.2.3 对石油石化行业的影响

众多石油化工重大事故中，危险通常都是由各种错误和漏洞积累而造成的。这些错误和漏洞分布在设施设计、建造、运营、维护构成的完整设施生命周期当中。很多时候，包括运营和维护在内的不同部门之间各自为政，而这些部门的工作外包则进一步加剧了这种分散局面。

石油、天然气及油气化工品都是有害物质，而石化工业设施中的大部分设备都是用来储存和管理这些危险品的。因此，保持石油化工设施状态良好是减少和遏制事故发生的重要保障。

设备和人是减少事故发生的两个主要因素，这两个因素可能会通过多种机制被激发。设施及设备故障（FEF）可能来自不合理的流程设计、不恰当的特定设备、腐蚀或侵蚀、超压或超温、应力或疲劳（或震动）、设备缺陷、设备退化或老化等。人为因素（Personnel failure，简写为 PF）则包括了人员在工作中不遵守程序、在操作和维护时保护不足、工作环境有落物伤人或撞击设备的可能，设备安装不正确等。

1988 年的派珀·阿尔法海上平台事故震惊了全世界，同时也唤醒了石化和油气行业对设施完整性管理的重视。卡伦的调查报告称，人们对油气行业的运营危害及其相关风险的管理知之甚少。整个行业开始意识到必须开发有方法论指导的风险管理体系。

根据卡伦对于派珀·阿尔法海上平台事故的调查报告，1992 年，《海上设施（安全条例）法》颁布并生效。该法律规定，英国水域内所有近海设施的所有者和经营者都必须向英国健康与安全执行局提供安全预案，无论其设施是固定式还是移动式。预案必须证明该公司具有设施完整性管理体系，而体系必须列明已识别的风险，并尽可能地详述应对风险措施的可操作性。预案还需包含疏散和救援方案。自 1995 年起，所有符合该法律的生产设施都必须向英国健康与安全执行局提交安全预案。

派珀·阿尔法海上平台事故对石化和油气产业产生了里程碑式的影响，业界对设施完整性的管理发生了根本性的变化。油气田所有者和生产商随即对生产设施和对应的设施完整性管理体系进行了全面评估，投资者们重新审查了投资战略并注资十亿美元解决设备完整性管理方面的缺陷。这也促使了油气企业的管理文化朝着完整性管理与安全操作的方向改变。

1.4　设施完整性管理系统

1.4.1　完整性管理的必要性

想象一下，如果没有生产设施完整性管理体系，某些生产日常可能会是这样一幅情景：

（1）老旧的设备超过安全生产年限仍继续满负荷运转；

（2）管理系统与零散的可靠性方案难以匹配；

（3）性能不合格的设备和设施被验收为合格；

（4）工作人员对设备管理知识所知甚少且没有或只有少量过程数据；

（5）非正常的停机事件经常发生；

（6）筒仓心态盛行，整个组织内谈不上工作中的协作与战略上的协同；

（7）展示板是摆设，运行卡片信息不可信；

（8）改变和调整设备运行计划，既无备案也无管理流程。

在对设施完整性进行有效管理后，以上情况会被逐条改进。这些改变可能覆盖整个工厂，为所有设施设备带来按照传统观念无法实现也难以完全理解的优势。比如，通过优化设备和工艺提高产量、减少非正常停机、降低机会成本、提升维护和检修效率、提高车间效率、优化人力与设备匹配等，每一项都能帮助降低生产成本。

除此之外，设施完整性还应该包括遵守法规和公司制度。在这种理想的情况下，会呈现另外一幅情景，下面的一些情况可能会经常发生：

（1）意外停机及停机事故零发生；

（2）员工形成了对识别流程问题及设备性能不佳的情况非常敏感，且乐于及时解决的企业文化；

（3）员工们都十分敬业称职，经验丰富；

（4）设施流程和工作流程能够被不断地改进和优化；

（5）展示板能够及时反应生产状况；

（6）多个与生产相关的部门能够紧密协作；

（7）工作人员具有完整的设备管理知识，且具有可靠的生产过程记录和运营数据。

开发一套高效的设施完整性管理系统不是孤立的，还要求生产模块化和结构化。而这个管理系统的成功实施则更需要生产单位在执行时统一标准，并保证每一个员工都能理解和贯彻。

1.4.2 如何让设备完整性达到"卓越标准"?

前文已经讨论过维护保养和完整性的基本作用是最大限度地提高设施可用性和安全性；现在更进一步来看看，需要满足哪些要求才能达到设施完整性的"卓越标准"。

努力在设施完整性管理方面达到卓越的标准，自然能够通过最大限度地实现设备的可用性实现目标产量。不仅如此，还能够降低与完整性相关事故的发生，最大限度地实现安全生产的目标。在设备的维护保养上，应始终保持适应生产的状态，并按照原始设计的宗旨运行。

因为在实际操作中，很多设施设备在超过其设计寿命后仍然继续使用。对于这样的设施和设备，应重新评估其使用寿命，切实做到物尽其用，达到设施完整性的卓越标准。

成本控制也是设施完整性管理的重要一环。毕竟金钱是重要的资源，没有人能够不劳而获，连运营商都在为了挣钱而竞争。因此，在设施完整性管理体系中，每一项工作都需要尽量做到低成本高收益。

此外，还需要有固定频率的持续审查和改进周期，确保经验教训得以吸取，而流程得以持续优化。显然，实现设施完整性管理的"卓越标准"并不容易，要达到这个目标，需要克服各种困难。

但即便永远也无法实现"卓越标准"这一目标，仍然可以朝着无停机与设备退化的事故发生、设备设施维护与保养均能执行到位、在尽量平衡经济条件下使设备可用性达到100%的管理方向努力。

1.4.3 设施完整性管理规划

设施完整性管理是一个不间断的评估过程，因此应从设施一投入设计便开始执行，直到完成其使用年限。

完整良好的执行离不开高质量的设计构成，更离不开正确的操作。确切地说，从最早期的理念设计到工程落实、调试、运营阶段，都离不开设施完整性管理，它贯穿了设施运行的整个周期。

对完整性管理的规划在生产设施的设计阶段就应开始考虑。在设备的初始设计阶段，完整性管理的规划就应参与到设施战略目标的策划中来。它涵盖了高级管理团队对于该设施的所有战略愿景，包括生产目标、产品组合、安全、环保、设备可用性与维护策略等。对于已经较为完善的设施策略，还应包括延长设备流程和系统寿命、提高平均无故障时间(MTBF)及延长停机间隔。

愿景规划之后，还需要确立一个负责完整性管理的组织，并在其有效协助下建立包括生产、维修、设施完整性与可靠性管理等各个部门。这个过程会细化到众多的组织构架、各岗位能力要求、未来的培训要求等。

在此规划设计阶段，设施完整性管理规划流程如图1.2所示。

规划完成此阶段后，下一步的工作是重大危害识别与风险评估。这一过程需要具体到设备的安全操作参数(完整性限制)，同时对各种设施设备的性能和用途进行规定。这一点对设备资源匹配可用性目标来说至关重要。业界普遍的经验法则是，占比很少的设备流程决定了大部分的风险。这一概念如图1.3所示。这个关键性概念及其与设施完整性卓越标准模型(FIEM)的关系将在本书第4章中详细讨论。

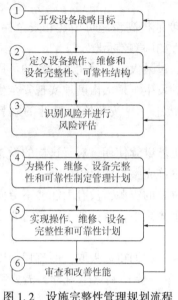

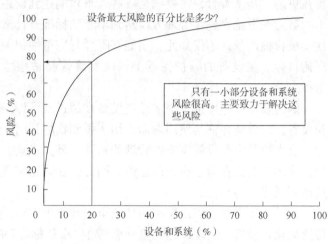

图 1.2　设施完整性管理规划流程　　　　　图 1.3　风险与设施设备相关图

识别危害本身和识别它们可能造成的后果同样重要。因为这可以确保风险防范、风险控制和危害恢复均是可控的。油气行业中，习惯借用一种蝴蝶结模型的高效工具，它具有多层保护功能，可以进行危害以及危害后果的管理。它在石化和油气产业中广泛用于管理设施过程中的危害。图1.4是蝴蝶结模型的高度总结[5]。

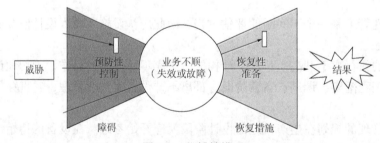

图 1.4　蝴蝶结模型

蝴蝶结模型于20世纪70年代由英国帝国化学工业公司(Imperial Chemical Industries，简写为ICI)首次使用。之后，该模型在油气产业危害识别和风险管理中被广泛使用。

本书第6章讨论设施运营中的风险评估时将详细对这项高效工具进行介绍。

一旦危害被识别，风险评估便随即展开，详尽的风险管理计划就应被制定出来并且立即实施。这些计划囊括了维护，运营，设施完整性和可靠性等方向，以及变更管理的具体计划。

进行完整性管理的计划过程的最后一步是在实践的基础上完善和提升。持续进行周期性回顾的内容包括从事故与设备故障中吸取教训。为了获得基准参数还需要开发一套具有前瞻性的关键绩效指标(KPI)，为改善设备性能奠定基础。

1.5 设施完整性卓越标准模型简介

即使最简单的设施完整性管理系统也包括三个基本要素：技术、人员、支撑。技术要素指与维修保养、完整性与可靠性相关的要求；人员要素指操作与管理技术要素的团队，他们是完整性管理系统的主要驱动力；支撑要素指为了实现一个共同目标而将技术要素与人员要素协同调动的若干核心流程与程序。在完整性管理中，这三个要素缺一不可。

1.5.1 整体思想

设施完整性卓越标准模型强调组成系统三要素的协同。世界上任何一个成功的完整性项目体系都是建立在这三者各司其职又互相支持的基础上，从而在错综复杂的工艺流程中发挥协同作用。这三个因素相互依存，只有确保全面了解这种依存关系并保证信息的传递准确且及时，才能使三要素在实际生产管理中相得益彰，产生更好的经济效益。

三个重要因素相互依存这个概念经常被忽视或面临管理不当的情况，从而导致高昂的运行和维护成本、设备可靠性降低，个别案例甚至无法通过英国健康与安全执行局的标准。此外，需要指出的是，如果缺少这三个因素之一，完整性管理就会变得脆弱不堪，并且存在较高的失败风险。

因此，在制定设施完整性卓越标准模型时，必须从整体出发，具有全局思想。有了这个思想才能在具体实施过程中轻易找到各要素间的关联，从而提高管理质量。FIEM 将设施完整性管理中的核心与支持要素有机地结合在一起，为其使用者提供了石油石化工业设施完整性、维修保养、运营管理的全方位指南。

1.5.2 基于风险控制的企业文化——设施完整性管理的核心

与其他优秀的完整性管理系统一样，FIEM 的核心是人员。一套优秀的完整性管理系统必然涵盖了正确的信念、思维方式和工作方式，可称之为"文化"。高风险行业的高效完整性管理要求企业自上而下、自下而上、从政策到战略的每一个层面都参与其中，最终在公司内部形成可操作的工作流程与标准。

"当一项改革渗透到公司的每一个组织之中，就形成了企业文化。"[6] 在改革深入社会规范和共同价值观之前，稍有松懈，随即退化。为了更好地贯彻 FIEM，必须首先改变生产企业的文化。建设企业文化是项极其重要的事情，因此将在第 11 章中具体探讨如何建设基于企业文化的完整性管理的新体系。

> 基于风险控制的企业文化（Risk-centered culture，简写为 RCC）是 FIEM 的核心部分。文化是 RCC 概念的关键组成部分，它决定了设施完整性系统内员工的行为方式。良好的组织纪律是进行所有有效风险管理系统的基础。再次分析发生过的重大石油和天然气相关事故（例如派珀·阿尔法海上平台事故）时，可以很明显地看到不良的组织纪律会导致风险管理不充分，从而导致本来可以避免的重大事故发生。将在第 3 章详细介绍以风险为中心的企业文化建设。

1.5.3 设施完整性卓越标准模型展示

设施完整性卓越标准模型如图 1.5 所示，可以看到以风险控制为中心的企业文化正在这个模型的中心。这是因为如果想让设施完整性管理系统有效，组织文化处于适当位置并正常运行的重要性就必须得到强调。

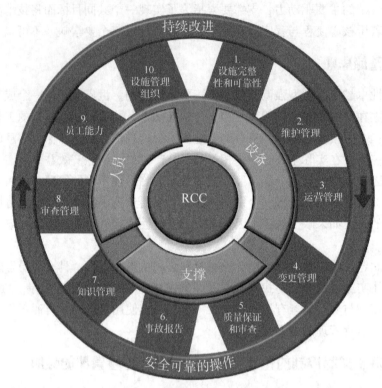

图 1.5 设施完整性卓越标准模型

1.5.4 设施完整性管理的三要素

前文已经讨论过设施完整性管理需要考虑三个基本要素，这些要素对于有效的完整性管理至关重要。在 FIEM 中，设备要素代表了技术发展的程度；人员要素代表了人力资源与完整性组织管理的工作能力；支撑要素代表解决支持完整性管理系统所需的所有关键流程。

图 1.5 中，这三个要素紧紧围绕着基于风险控制的企业文化(RCC)。这说明，健康的组织文化是 FIEM 模型的基础。以下各章中将详细讨论这些基本要素及其细节，以及它们所在的工作流程。

首先来看看基本要素中的设备要素。FIEM 中的"设施"部分旨在提供关键过程的各种细节，从技术的角度来说，这些关键过程可确保设施的运行和维护安全、有效。卓越标准模型的这一部分包括三个方面。首先是维护。维护的主要意义在于快速纠正故障，最大限度地减少设备和系统的停机时间，同时平衡相关资源和成本。其次是设施的完整性和可靠性。即采用基于风险控制的方法来确保关键设备和安全系统的完整性和可靠性。这两个参数代表设备或系统在指定的时间和条件下运行的能力。完整性和可靠性的主要意义在于确保设备和系统的设计与安装正确合规、在使用过程中能够得到合理保养直至报废。最后是运营管理，即设施设备的运行能否按需、有效，且在其完整性要求范围内。

完成设施完整性的过程当中，需要许多用于支撑的基本流程；将在模型的第二部分"支撑流程"中看到这些基本流程。知识管理重在收集每一个设备流程中的运行参数，提取重要信息后加以充分利用。例如，某个小故障反复出现，会消耗大量的人力物力。在这种情况下，如果对该故障发生的全部数据进行梳理，就可以分析判断出故障的根源，对症下药消除故障后，能大幅度降低资源消耗。因此，甄别数据并正确运用与知识管理同等重要。支持流程还包括了事故报告、质量保证和审查、变更管理流程。这些具体的流程将在本书第6章中详细论述。

人员要素是卓越标准模型中设备要素与支撑要素的基础，毕竟只有将合适的人员放在正确的位置上，才能使设备设施高效运转。如果完整性管理系统中的人员组织不合理，那么为了实现设施完整性付出的所有努力都将是徒劳的。

1.5.5 "所测即所得"

持续改进是FIEM的基本原则。为了弥补设备和系统存在的漏洞，需要能够对系统的各项数据准确地测量。

这里提到的测量并不仅仅是测量设施设备和系统的性能，更重要的是测量完整性过程的性能。测量的主要目的是从整体上改善完整性管理系统。为了管理和提升流程的性能，FIEM设置了关键绩效指标。

但须注意，所有KPI数据必须合理组合，并在合理设计的展示板上直白地显示出来，这样看到的才是全面的、整体的情况，而非可能引起误导的断章取义。合理组合还包括在历史数据相关的信息(滞后性KPI)和可以指示未来数据的信息(预测性KPI)之间取得平衡。

FIEM还包含了报告的层次匹配。层次匹配指为完整性系统中不同管理级别提供其所需要的信息。例如，高级管理层需要与安全绩效和损益有关的可记录总事故率(Total Recordable Incident Rate，简写为TRIR)信息；而维护保养部门会更需要与设备性能改善有关的信息，例如平均无故障时间(MTBF)。第9章中将进一步论述有关FIEM持续改进的内容。

1.6　本书的构架理念

确定核心完整性工作流程的流程图如图1.6所示。为了让读者更好地理解设施完整性卓越标准模型的概念，将该模型应用于各种现有设施和新设施当中，本书特别采用了较为独特的设计和结构。本书每一个章节对应一个核心工作流程，围绕这个流程进行详细描述。

本书遵循以下几条原则：

(1)通过工作流程对设施完整性进行整体分析，详细介绍关键概念及其如何作为一个系统共同发挥作用。

(2)具有扎实的专业知识和信息基础。

(3)对于有些从理论角度难以理解的应用性关键概念，会按照笔者的理解进行描述并附上实例。

(4)通俗易懂，并会援引相关的理论和实践案例。

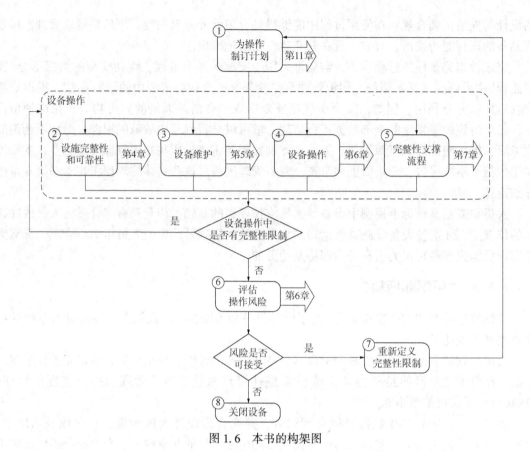

图 1.6　本书的构架图

（5）受众广泛，可为广大研究生、青年工程师与管理者提供参考。

除上述 5 条原则之外，本书还兼顾了设施完整性组织的兼容性，并介绍了如何在现有的设施系统中应用一种新的设施完整性管理系统的有效技术。组织变更管理是一条充满荆棘之路，对于完整性管理的变更由于牵涉的相关方面太多，其改革之路更是艰辛。对于如何在大型复杂组织中实施这样的变革，FIEM 提供了有效且经过实践的经验。有效执行本书中论述的观念，可以得到切实的经济回报。

1.7　逐章简述

（1）绪论。第 1 章介绍了设备完整性管理的应用背景。主要讨论了行业发展进程中对于完整性管理概念的理解差距，还对设施完整性管理卓越标准模型进行了介绍，该模型可以帮助克服之前的管理缺陷，大幅提高设施性能并节省成本。

（2）设施完整性卓越标准模型。第 2 章详细介绍和探讨了设施完整性管理卓越标准模型，并对该模型中各个要素如何协同工作并相互配合进行了解释。通过一个案例回顾研究来解释当完整性管理出错时可能会发生的情况，并强调完整性管理在油气生产日常管理中的重要意义。

（3）基于风险控制的企业文化。设施完整性管理卓越标准模型的核心要素是人员。第 3 章介绍了以风险控制为中心的企业文化，这种文化是完整性管理系统的集体信念。RCC 能够确保员工的信念达到设施完整性的卓越标准，并让这样的理念切实地在从上至下的所有员工中贯彻下来。

（4）设施完整性和可靠性（FI&R）。第4章详细介绍了设施完整性和可靠性这一关键概念。其要义是人员、系统、流程和资源各就其位，在设施的使用年限中都能得到合理的配置和使用。此外，还说明了FI&R如何影响设施的损益，并通过最基本原理探讨了设备和系统的故障原因，介绍了经过实践且较为可靠的根本原因分析方法。很多卓越标准模型概念都集成在设施设备的关键性这一概念中，本章会对这个重要概念进行详细的介绍。最后，本章还探讨了如何从被动的设施管理转变为主动实施设备完整性管理的战略。

（5）维护管理。第5章介绍了油气行业中常见的设备维护管理不当案例，并通过分析这些案例介绍了如何使用设施完整性管理卓越标准模型克服这些问题。同时探讨了被动的设施管理与主动实施设备维护的差异所在，并介绍了卓越标准模型中设备养护的关键策略和设备管理的基本原则。

（6）完整性运行管理。完整性运行管理包括对运营数据的监控，并对随之而来的不同情况进行应对。第6章对运营异常的概念进行定义，这种异常一般会发生在设施没能按照计划进行操作的时候。此外还引入了完整性限制的概念，它常用来控制设备性能，同时可以确保运行安全。此外在第6章还会探讨单元监控的原理，并详细介绍这项技术如何应用于设备状态评估、早期设备故障以及设备退化预警。最后，还提出了一些为尽量缩短设备停开期，经过试验和验证的设备监控、报告与快速响应方法。

（7）支撑条件。有效和持续的设施完整性管理需要许多支持。这些支撑流程在第7章中进行了详细的介绍，包括知识管理、变更管理、故障调查和管理评审等。

（8）完整性员工体系。无论哪一种改革，最终效果都取决于其体系内员工如何使改革所需的措施落地生效。在各项规则、各种设施设备后工作着的员工们是公司运营过程中最为宝贵的资源。人员组织是设施完整性管理卓越标准模型的关键组成部分，在第8章中详细介绍有关这个部分的内容。

（9）持续完善。设施完整性管理卓越标准模型的持续改进主要体现在对设施性能以及设施完整性管理流程的不断审查和改进中。第9章中，详细介绍分级报告系统中一系列设备展示板所显示的关键执行参数及如何向所对应的部门层级传达准确的信息。

（10）FIEM的实施。组织的核心是人员。人员的发展和业绩提升是组织绩效的来源。对将变更引入组织时将遇到的困难，FIEM也有相应的措施。无论一个组织对变更的态度有多么积极，真正实行起来时仍会面临员工的抵抗。第10章中会展示一些经过验证、并成功用于提升设施完整性管理改革的方法。

（11）完整性管理策略。第11章探讨了设施完整性管理策略的制订，包括策略框架的开发。该框架包括了制订完整性管理系统的具体政策和战略要求，以及实施完整性管理的人员职责和作用。

2 设施完整性管理卓越标准模型

2.1 设施完整性管理卓越标准模型的发展

设施完整性管理卓越标准模型为现场操作人员实现其设施的完整性提供了坚实的基础。在其开发之初，FIEM 便采用了一系列稳定可靠的原则，并以最佳实践为基础，为在工厂中的实际应用做好了准备。FIEM 的具体结构如图 1.5 所示。在这里，需要先对 1.6 节提过的一些 FIEM 关键理念进行一些解释。

如图 1.2 所示，将实施"完整性管理计划"的方法表示为一种流程模型。这种表示方法能够将每个过程分解为易于理解的部分，使理解变得容易。在解释构成设施完整性卓越标准模型的关键概念时，也将采取这种方法。

2.2 流程模型

基于一系列关键原则，流程模型可以用来提供对现实情况的准确表述。如果部署正确，模型上就可以看出显著的优势。它们可以用来规定应该如何做事，以便把事情做好并达到理想状态。在面对复杂流程和环境时，它们也可以帮助提供一个较为有洞察力且足够明晰的分析方向。模型是对一个流程具体内容的预想，但是该流程的实际性能将取决于它们的实施效果。设施完整性卓越标准模型的具体实施将在第 10 章进行介绍。

设施完整性管理是一个复杂的系统工程，需要考虑的内容十分繁杂。FIEM 模型是一项化繁为简的操作工具，可对各级别的完整性管理进行检查。它可以让人对关键设施如何达成整体协同运作一目了然，也能在细节上展示每一个环节是如何运转的。

因此，该模型不仅可以梳理出关键流程，并将其脉络逐级分化，能让人一目了然找到最关键、最优先需要考虑的要素；同时，由于模型的层次性，在每一个层级都可以定义一个优先项，以保证流程能够有效地运作。

这不同的层级代表着组织内各个级别的设施完整性管理过程。战略流程是所有层级中的最高层，其宗旨是组织实施战略目标的制订与发展，以实现更好的设施性能。这是一个持续改进的过程，涵盖了衡量历史性能、降低异常、优化流程，以及可能影响设施设备性能的外部环境。这样，当分解每一个战略流程的时候，可以充分深入到细节当中。

图 2.1 流程模型示意图

图 2.1 展示了业务流程的层级模型。业务流程模型同样具有被表示为一系列层的重要优势。这使得一个流程可以被进一步分解成很多细节，从而使模型更具实用性。

如图 1.2 所示，这个流程就是一个战略级别的流程，即如何从战略角度进行设施完整性管理。在第 11 章中将对其进行详述。如果对流程模型的抽象化概念进行扩展，就会发现，通过使用层来描述流程可以大幅提高模型的实用性和明晰性。

完整性管理可以由三个部分组成：输入、流程和输出。流程就是通过工作将输入转换成输出。在这个过程中，炼油厂的原材料（如原油）将通过精炼提纯后转换成可销售的，含有柴油、汽油或天然气等成分的终端产品。在设施完整性管理的帮助下，可以通过调整设施参数来提高设备可靠性，或者通过分析历史参数来提升设备性能。工作过程流程之所以如此重要，是因为它可以使人们更好地了解内部流程和系统功能。只有对内部流程和系统功能足够了解，才能找到提升和改进的关键。在提升和改进后，运营开销成本才可能降低，生产吞吐量才可能提高，停机间隔时间才可能缩短，瓶颈才可能消除，浪费才可能降至最低。这就是为什么测量系统的应用可以令人们相对轻松高效地完成工作，因为它不仅可以对设施完整性流程的结果进行测定，而且可以对完整性流程本身的内部绩效进行度量。归根结底，想要弄清的，其实是以下问题的答案：

设施完整性管理部门的执行情况如何？

设施完整性管理部门的管理能力能否提升？

是否有能够进一步提高设施完整性表现的新流程可以引入？

工作流程的原则的意义在于采用后就可以获得必需的流程明晰度并可以对当前的绩效进行评定。这为开展以下工作提供了坚实的基础：

（1）构建当前的工作方式，并知道为何要这么做。

（2）为性能衡量提供基础数据。

（3）显示往返于各种生产活动的信息流，以及如何将信息从投入转化为产出。

（4）对所有可能导致低效或无效流程的关键瓶颈进行识别。

FIEM 是由一系列的工作流程组成的。某些工作流程的输出形式可能是文件，或者为其他流程提供输入的信息。为了使每个工作流程都有结构可循，将引入一个众所周知的有效质量控制系统。

2.3 Shewhart 循环

Shewhart 循环由被公认具有"现代质量控制之父"之称的爱德华 • 戴明（Edward Deming）[7]开发。Shewhart 循环基于一种被认为是源于弗朗西斯 • 培根（Francis Bacon）的科学工作方法。这种科学工作方法的原始流程为"假设-实验-评估或计划-执行-检查"。Shewhart 循环对该流程进行了改进并在最后添加了"行动"，以便根据评估结论采取行动。这样最终 Shewhart 循环流程为"计划-执行-检查-行动"，又可简称 PDCA（图 2.2）。

PDCA 的基本理念之一是持续改进的概念。一旦 PDCA 流程的输出被"检查"，在"行动"步骤中就会有一个基于数据的反馈，推动流程进一步改进。一个好的完整性管理过程必须包含 PDCA 循环的所有要素。PDCA 循环是一个持续改善的循环过程，在不断地迭代

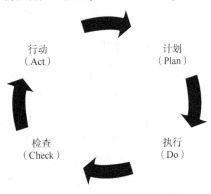

行动（Act） 计划（Plan）

检查（Check） 执行（Do）

图 2.2 Shewhart 循环流程示意图

中提升设施完整性的"卓越"水平。

PDCA 的不断改进原则是 FIEM 中所有流程都朝着卓越运转方向发展的保证。

PDCA 以科学方法为基础，本质上旨在解决问题。通过在工作流程中引入 PDCA，FIEM 体系内的组织能以解决问题的心态进行思考，不断挑战自我并完善流程，从而更好地对整体进程进行了解，进而改善当前的表现。这样的方式有助于发展 RCC，在第 3 章中将对此进行详细探讨。

接下来将对 Shewhart 循环的关键步骤进行逐一解释。为了将这一关键理念更好地应用于 FIEM，参考了图 1.2。

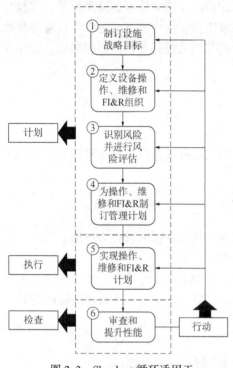

图 2.3　Shewhart 循环适用于
完整性的规划

2.3.1　计划

在 Shewhart 循环中，"计划"是从预定设置的目标开始的。预设目标是非常有必要的，以确保有一个基准可以与过程的结果进行比较。通过建立基准，可以确保每个流程都能得到持续的改善。如图 2.3 所示，在设施完整性管理规划方面，这个步骤的重点是制订一套战略目标，包括战略方向以及执行这些目标所需的资源。

2.3.2　执行

执行指每个流程的实施阶段。执行就是为完成每个流程所做工作的过程。在设施完整性管理规划中，这一步骤就是对上一步骤中所做"计划"的实施。

2.3.3　检查

检查是根据执行中收集的数据衡量每个流程的性能，并将其与"计划"步骤中的基准结果进行比较的过程。在这个过程中，每个流程的计划偏差程度和完整性都将受到持续测量，以便形成一种趋势。形成趋势是很重要的一个步骤。在趋势形成之后，可以更清楚地了解目前现状及需要采取的纠正措施。

2.3.4　行动

行动主要用来修正在完成流程过程中与计划产生出的偏差，以便持续性地提高性能。本步骤采取对偏差进行分析的形式来了解其根本原因。例如，在设备故障期间，可以对造成故障的根本原因进行分析。在采取纠正措施时，需要确认根本原因是否得到解决，而不是仅仅把重点放在尽快恢复设备的使用上。只着重于尽快恢复生产，必将导致故障的再次出现。第 4 章中将详细讨论根本原因的分析。

行动还提供了一种持续改进的机制，这种机制对流程的推动具有良好的监督作用。当需要对现有管理设施完整性战略规划进行成功与否的评估时，这种机制就显得尤为必要。

2.4　最　佳　实　践

在实现卓越标准设施完整性管理的过程中，最佳实践是设定基准、保证质量并确保采取正确的行动的必要程序。术语最佳实践时常被用作流行语，因为这些实践活动经常随着时间的推移而演变，以更好地跟随新技术和工具的发展。然而，在实现卓越标准设施完整性管理的过程中，最佳实践一词被用来描述一种行业规范，即为实现某种结果而开展的一系列活动，而这些活动已经在行业中经过测试和检验。

对于所有作为 FIEM 的一部分而开发的工作流程，都应在开发时按照实际情况将最佳实践纳入考量，以对设备日常操作的实用性进行估量，并对设施人员在日常工作中可能遇到的操作限制进行评估。这些限制可能来自财务、运营或基于资源的制约。为了使工作流程标准化，在以下各章中，进一步为读者开发了基于最佳实践的实用模板，可用于某些完整性流程。

2.5　通　用　术　语

为了保持一致并避免误解，在本书中将使用"通用术语"。卓越标准模型的核心工作流程具有一些关键定义。在一开始就明确这些关键定义是很有必要的。该模型从以下几个方面查看完整性：技术要素（即设施），包括维修养护、可靠性和运营的最佳实践；人员要素，主要为人事组织的最佳实践，着力于解决完整性组织体系内工作人员的管理和发展；与完整性管理相关的支撑流程，例如变更管理、事件报告和知识管理等。

以下是本书中提到的关键词和短语的清单及其相应的定义：

（1）设施：将维护保养、设备可靠性和生产运营的最佳实践完美融合的技术要素。

（2）人员：考察完整性体系组织内人事组织、员工管理和发展的最佳实践的要素。

（3）支撑流程：与完整性管理相关的一组支撑流程，例如变更管理，事件报告和知识管理等。

（4）维护保养：旨在快速纠正由系统变化的自然规律所造成的故障。维护保养的最终目的是尽量减少维护成本和停机时间。大多数情况下，设施中的维护保养工作都是针对设备故障进行的。由于设施需要连续运行的性质，除了计划内的设备停机以外，其他时候很少有维护保养的操作。

（5）可靠性：旨在通过适当的规划，使训练有素的人员在特定的环境和时间间隔内对设备和流程进行谨慎操作，以避免故障。可靠性的最终目标是构建一个无故障的设备运行环境。对设备和工厂生产情况的密切监测可以帮助避免可能引起故障的问题出现，并尽早察觉设备故障的隐患，以便提前进行处理。无故障的环境可以使工厂设备得到更有效的利用，并最终提高产量。所以从本质上来说，可靠性就是经济性。通常情况下，可靠性尤其与石油石化行业设施内的动态设备相关。

（6）完整性：如果一个设施能够按照设计运行，且所有的风险都能控制在合理可行的范围内，那么它就具有完整性。通常情况下，完整性尤其与石油石化行业设施内的静态设备相关。

（7）工作流程：一个完整的、由从开始到结束的一系列活动组成的过程。工作流程包括输入和输出，并能显示信息的传递过程。

（8）工作流程的层次结构：一个工作流程中的个别组成部分可以进一步发展为更详细的流程。

（9）下层流程：从上层流程衍生出的工作流程。作为工作流程层次结构的一部分，它可以显示更多详细信息。

（10）开机时间：设施设备和系统在生产优质产品的过程中，能以其最大验证产能运行的时间比例。

（11）停机时间：设施设备和系统无法提供或执行其主要功能的时间比例。

（12）可用性：在处理对其指定的任务时，系统处于运作状态的时间比例。

2.6 完整性管理的重要性

前文已经探讨过在设计"设施完整性管理卓越标准模型"时应考虑到的关键因素，现在将以康菲（ConocoPhillips）石油公司亨伯（Humber）炼油厂案例分析来说明在设施组织内实施强有力的完整性管理的必要性。

康菲石油公司亨伯炼油厂每天可处理近 $25×10^4$bbl 石油。其产品范围广泛，从低硫汽油、柴油到液化石油气（LPG）、取暖用油及工业原料[8]。根据 1999 年《重大事故危害控制条例》（COMAH）的规定，可判断出该炼油厂是一个重大事故危害场所。

2001 年 4 月 16 日，亨伯炼油厂发生了重大火灾及爆炸。以该事故的严重性来看，事故本身极有可能造成严重的人身伤害和环境影响。非常幸运的是，这起事故中并没有发生严重的人身伤害。然而事故造成了巨大经济损失，该炼油厂大部分被摧毁，爆炸点方圆 1km 内财产的损失显而易见。

事故发生在饱和气体设备（Saturated Gas Plant，简写为 SGP），一根在高压下输送可燃气体的架空管道破裂。管道破裂后形成了巨大的气体云，其中包含碳氢化合物的混合物。很快气体云遇到了火源，导致巨大爆炸和火灾的发生。

这起事故中总共有约 180t 的易燃液体和气体被释放，包括 0.5t 以上的剧毒气体硫化氢。由于爆炸的巨大威力，SGP 遭受了灾难性的损毁，随之而来的火灾造成了进一步的破坏（爆炸后的照片如图 2.4 所示）。

尽管这起事故中没有发生严重的人身伤亡，对环境也只有短期影响，但该事件性质恶劣，且对炼油厂和附近财产造成了重大损害。

图 2.4　亨伯炼油厂爆炸现场照片
（2001 年 4 月 16 日）

2.6.1　引发事故的根本原因

英国是一个执行塞维索二号指令(Seveso Ⅱ Directive)的国家。根据遵循塞维索二号指令的 COMAH 规定[9]，事故必须由联合检查和执法机构(主管当局)进行调查。主管当局包括英格兰和威尔士的健康与安全管理局(Health and Safety Executive，简写为 HSE)和环境局(Environment Agency，简写为 EA)[10]。塞维索二号指令要求主管当局开展包括检查在内的监管活动，以确保公司运营符合立法要求。这是为了确定事故的根本原因，并采取纠正措施，使整个行业都能够从事故中吸取教训。

经过调查发现，爆炸的源头是该炼油厂 SGP 高架煤气管的一处弯头。人们注意到，在 SGP 投入使用后不久，盐分或水合物开始在下游的热交换器中积累，形成污垢。为了解决这个问题，炼油厂对管道上的一个通风点进行了修改，将水注入管道。当时的想法是希望注入管道的水可以将积累的盐垢溶解。

但事故后的调查发现，本应用来溶解盐垢的水不停冲击着管道弯头。随着时间的推移，弯头壁受腐蚀或侵蚀后不断变薄，最终因无法承受内部压力而破裂。

调查小组注意到，管道内部本来涂有防止腐蚀的黑色硫化铁层(保护层)。不幸的是，随着水的不断注入，保护层也不断地被注水冲走。调查小组最终得出结论，造成事故的机制以及引起事件最终失控的根本原因，是安装了不合理的注水装置造成的管道侵蚀—腐蚀。在注水装置安装前，炼油厂既没有对改造装置的影响进行评估，也没有考虑到注入水的分散(比如安装注水管等)。因此，注入水以自由喷射的方式进入管道，而这起到了加速侵蚀—腐蚀的作用。很明显，这样的修改是为了尽快修复问题以便尽早开始生产。

2.6.2　被打破的屏障

在一个合格的完整性组织体系内，为了防止事故发生、提高安全性和控制性，会设置一些屏障。屏障分析经常被比作"瑞士奶酪"，因为在这个过程中会像堆放奶酪一样，将各种屏障并排摆放在一起。每片奶酪代表一个屏障。奶酪上的洞代表屏障的弱点。当危险存在时，屏障的作用是防止其恶化并演变成为事故。当每片"奶酪上"的"孔"排成一排，允许危险通过，事故就会发生。所以，每当一个屏障被克服，事故发生的概率就会增加。当应用屏障分析模型时，可以很明显地看到每个屏障中弱点的存在形式都不一样。而且，"奶酪孔"都处于不断变化的状态：例如，运营和维护人员的能力差异、设备磨损以及性能下降、运营和维护程序在实际生产中被跳过等。

我们的目标是找出这些"奶酪孔"或弱点，并确保它们尽可能地减少。同时，还可以考虑增加"瑞士奶酪片"的数量。这实际上是减少了"孔洞"排列的机会，从而减少危险通过每个屏障传播并导致事故的可能性。

可以将简单的屏障分析应用于本案例研究，以说明导致亨伯炼油厂事故的主要因素(图2.5)。

(1) 预防。

第一道屏障是预防。如何预防故障的发生？

归根结底是要确保设计的正确性并保证合理的流程。在本案例中，对 SGP 的注水改造本来应该是在设备改造管理过程中就被发现的问题，但事实却并非如此。改造部分的设计本身没有考虑到安装环境，这是最终造成事故发生的重要原因之一。事实上可以通过适当的设计完成最初屏障，且通过适当的变更管理，可以使这个流程进行得更加顺畅。

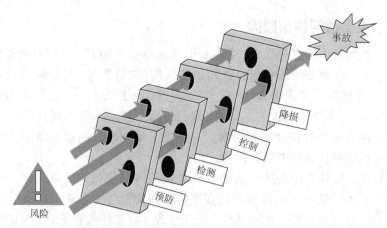

图 2.5 "瑞士奶酪"模型——屏障分析

（2）检测。

第二道屏障是检测。如何捕捉到故障的苗头？哪些工具可以用来检测故障发生的早期预警？

监测和检查是 FIEM 的关键内容。需要能够评估组织体系的风险，并使用合适的方式将它降低。在亨伯炼油厂的案例中，人们在一开始没能发现很有可能导致巨大爆炸的注水降解机制；因为设施组织没有意识到不合理改造设施的相关风险，也没有设置能够检测到风险的屏障机制，最终导致了事故的发生。

（3）控制。

第三道屏障是对故障的控制。到了这一步，已经离事故非常接近了。没能从一开始就设计出保护屏障，也没能及时发现风险，所以无法提早做到对安全隐患的排除。那么现在如何才能将控制措施落实到位，以防止事故的发生？

在这种情况下，可以引入一个新的控制机制来防止事故的发生。对现有设施紧急停机系统的改进可能在气体检测或紧急停机方面提供预警。

（4）降损。

最后的屏障是降低事故造成损失的最后希望。这道屏障旨在尽可能地保护人员、设施和环境。可以制订什么样的降损计划来减少事故带来的影响？

这道屏障更多依靠的是防爆控制室。目前来看，防爆控制室在保护设施工作人员方面是非常有效的。

2.6.3 HSE 调查的结果

在本案例中，HSE 调查的大部分关键结果都为有效且强大的设施完整性管理系统（如 FIEM）提供了基石。

首先，注水点的设计和安装没有经过严格的风险评估，也没有遵循变化管理评估的要求。调查小组指出，如果当时进行了风险评估，腐蚀造成的高风险很有可能会被发现，继而采取相应的措施。此外，自从亨伯炼油厂建立以来，就没有人对排气管用作注水点这一变更进行任何风险评估。

调查指出，因为变更系统主要管理的是工厂设施和生产过程的变更和修改，对变更系统进行有效的管理，对于防止重大事故至关重要。作为关键工作流程之一，变更管理是一个关键的工作流程，它构成了 FIEM 的一部分。

其次，从调查中可以得知，管道检查的程序无效，执行也不到位。亨伯炼油厂所使用的系统未能达到行业最佳实践的要求，且并未利用有效的知识和经验（本可以帮助确定 SGP），是一个值得关注的部分。检查系统是设施完整性管理系统的重要组成部分。设施流程及设备检查位置的定位是重中之重，同时检查间隔的确定也同样重要，以便确定设备和流程的退化率。在 FIEM 中，有一个基于风险控制的流程。这个流程可以用来优先评估问题部分，以便设施工作人员能够更有效地集中精力。

最后，调查指出了导致这一事故的原因之一是失败沟通。调查组注意到，在注水点的修改过程中，这一变更只传达给了设施运营团队，并没有与更多的设施团队进行讨论和研究。

与任何设施完整性管理系统一样，有效的沟通是至关重要的因素。鼓励众多设施团队和人员之间进行信息共享，对于防止重大事故的发生是非常必要的。

对过去几十年中的重大石油和天然气事故有所了解，是因为这些事故影响力巨大，曝光率很高，即使有人想要封锁消息也无能为力。其实造成严重伤害和设施损坏的完整性事故的数量要比重大事故多出很多倍，但因为这些事故没有那么大的影响力，所以对这些事故就知之甚少。设施完整性管理理念和 FIEM 的基本原则之一就是防止这些事故的发生。

2.7　通往设施完整性管理卓越标准之路

从亨伯炼油厂的案例研究中可以看到，所有的屏障都被打破，重大事故因此发生。当时人们并不了解有这样一个灾难性的故障机制在起作用，而这个机制本来是可以很容易预防、检测、控制和缓解的。

设施完整性管理是一条需要整个设施组织体系全力配合才能奔驰的道路（图 2.6）。尽管它对一些基础设施的开发和实施有一定要求，但最终要完成设施完整性管理，还需要改变设施组织体系的思维方式，并从积极主动的角度来对待设施和生产过程的完整性。

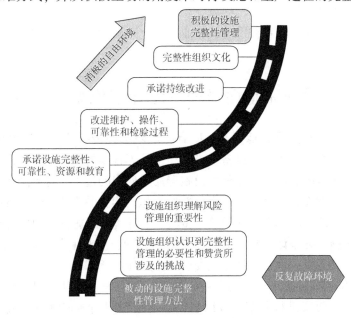

图 2.6　实现无故障环境之路

想象处在这样一个场景中：觉得自己在不断地对设备故障和性能不佳做出响应。这通常被称为"被动模式"。以被动模式运营设施，就像等待疾病的症状严重到足以扰乱你的正常生活。这种模式维护成本昂贵、破坏性大且毫无效率可言，在石化设备设施运营的过程中使用这种方法运营，就好像在极其严重的伤口上使用创可贴或膏药一样令人尴尬。

那么，如何才能将一个设备故障不停反复的环境转变为一个没有故障的环境？

人们可能对"救火"这个词很熟悉，其结果就是进入被动模式。这种情况的延续性很强，会消耗许多设施组织团队大量的时间和精力。在处理设备故障的时候，总是希望能尽快解决问题恢复生产，却很少真正用心了解设备故障的原因。这将不可避免地导致相同性质故障的重复发生。在故障排除后，几乎没有留下任何记录或信息，这代表着将不得不在未来的某个时间为了排除同样的故障再次回到这个故障点。

于是会发现自己正处于这样一个节点：设施体系组织认识到它所面临的挑战，为了摆脱反复"救火"或面临"反复造成故障的环境"（图 2.6），认同变革是必要的。

通往设施完整性卓越标准道路上的下一站是改变思维方式，即从风险控制角度考查设施。这样的思考方式能够帮助评估所发生事件的后果和严重性，从而合理控制投入，做到在不浪费资源的前提下有效地进行风险管理。这将需要对人员组织进行教育，并考虑培训计划以及引入额外资源来填补技能差距。

这个过程中，需要审查组织部门内现有的设施流程和系统，并使其符合设施完整性管理理念或 FIEM 的关键原则。设立一个独立的、专门负责可靠性和完整性的小组，并令其与运营和维护团队一起工作是非常必要的。这也是 FIEM 的关键原则之一。当然，重点是这个小组在工作上必须与运营和维护结合起来，才能发挥其作用。

这时才能开始看到投资得到了回报。设施组织能够对所有设施进行风险评估并充分了解评估的价值，且能够对宝贵的资源进行优先排序。所有设施流程及体系都与完整性管理原则相一致。拥有新设立的、专门负责可靠性和完整性的团队，它可以补充现有的设施组织团队，确保设施运行正常可靠。

因为开始对设施组织采取积极态度，企业文化也开始发生变化，这对实现无故障的运行环境有很大帮助。

2.8　设施完整性管理卓越标准模型工作流程

如果一个设施能够按照设计运行，且所有的风险都在可控范围内，那么它就具有完整性。保持设施的完整性需要人力、设备、流程和手续等各项的高度配合。设施完整性管理是一项需要以持续、积极的态度贯穿在整个设施寿命周期中的过程。这是个无法用单一定义完整表述的管理系统。然而，对具有技术完整性的设施的定义是具有普遍性的："一个能够满足其预期用途，且其故障不具有可能导致人员安全、环境或设施损坏风险的设施，才可以称为具有完整性的设施。如果该设施未能完成其预期目的，应对偏差予以确定，并评估风险、采取缓解措施，以确保设施设备能够持续安全、高效地运行。"

FIEM 的一个关键属性是，单个元素在一系列工作流程中可以得到体现。这样做是为了根据首要原则将每个要素进行分解，有助于更加清晰和明确地理解每个流程，包括投入和产出。

FIEM 通过采用一种叫作业务流程再造(Business Process Reengineering, 简写为 BPR)的技术来实现这一目标。BPR 最初于 20 世纪 90 年代开发，是一种广为认可的、有效的业务管理策略工具，它侧重于分析和设计一个组织内的工作流程。

BPR 允许对现有的核心设施完整性过程进行剖析，从首要原则出发进行评估并重构，可以代表管理设施完整性的最有效方式。重构流程采用一系列工作流程的形式，这些流程涵盖了主题的核心概念。每个工作流程的制订都配有足够的细节，包括作为流程输入和输出的关键信息流。这一过程将会在本书的后续章节中再次出现，作为参考。BPR 提供了一个整体性的方法，帮助人们完全理解完整性、可靠性和维护管理的关键原则，并可根据需要选择快速参考关键主题。

BPR 技术可以在最高级别流程中代表设施完整性管理。它可以帮助显示核心流程和它们在整个工作流程中的关联。在第 1 章中，介绍了设施完整性管理的工作规划流程，这是进行完整性之旅的第一步(1.4.2 节，图 1.2)。

它包括战略活动，如制订运营战略。运营战略包括生产目标、设备正常运行时间目标、检查和维护制度、计划停机目标和 HSE 合规工作以及识别和减轻危害等。

如图 2.7 所示，假如正在运营该设施，现在就可以继续进行完整性管理了。需要注意的是，在所示工作流程中的每个流程旁边都标明了本书的相关章节，这是为了简化参考而设计的。每个流程都将在之后的章节中详细介绍。

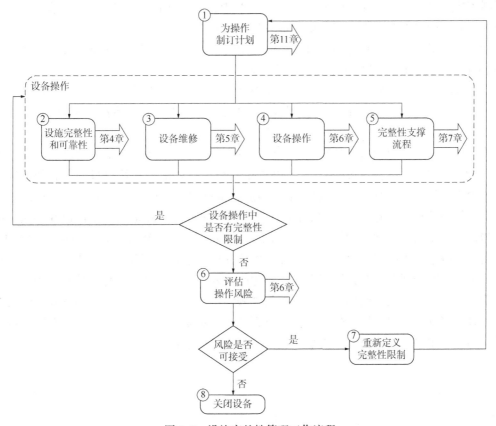

图 2.7　设施完整性管理工作流程

流程的第一步是完整性规划。这个部分曾在第 1 章(图 1.2)中详细介绍过。在第 11 章介绍完整性策略时,将进一步对该流程的战略要素进行研究。

流程的第二步是设施运营,代表了设施的运营阶段。设施运营由一系列详细的工作流程组成,其中包括维护、完整性和可靠性、运营和支撑流程。

在设施运行期间,设施设备和系统的性能需要通过各种方式进行监控,其中可能包括一系列检查和状态监控技术及活动。在正常情况下,设施应在其设计的完整性范围内运行。应对设施的性能趋势进行持续评估。如果超出完整性范围限制,完整性组织应采取措施,对情况进行控制。

必须对相关的风险进行评估,以确定该情况是否需要停工。如设施是否具有安全风险。如果确定的风险可以在运行期间进行管理,则需要进行评估,以便对风险进行充分的分析和采取相应排除措施、重新定义完整性范围。这可以通过变更管理流程来进行。

目标是让部署了 FIEM 或类似模式的设施在正常运行时间和运营成本方面与竞争对手相比处于前四分之一的水平。FIEM 设施的目标是成为"同类中的最佳"。FIEM 通过构成该模式的关键流程来确定方向。它旨在以最优化的成本最大限度地提高设施的可用性,同时保证完整性,不对人或环境造成损害。

FIEM 是基于三个关键系统构建的:

(1)管理系统。管理系统至关重要,因为它们为完整性工作提供了必需的结构,包括工作原则、管理安排、完整性团队的岗位角色和职责、能力评估、工作流程(包含 FIEM 的支持流程部分,例如管理变更流程、事件报告和查证流程)等。

(2)工程系统。工厂系统用于对必要的完整性管理流程方法进行定义,如基于风险的方法(RBI 和 RCM)、设计规范和标准,以及对设备和系统性能差异的评估。

(3)设施知识管理和文件管控体系。知识管理包括维护、检查、状态监测、设备和系统记录以及性能历史、测试时间表、异常情况的跟踪、设施的工程、采购和建设记录,以及设施的更改记录等。

除了作为一个知识和信息的数据库,FIEM 还必须能够根据需要促进信息的流动。根据石油、天然气和石化设施类型的复杂性,FIEM 的结构需要确保其接口得到充分的管理。例如,维护部门的状态监测团队、FI&R 部门的静态检查团队和运营部门的视觉检查团队都需要明确编制并整合在一起。不同的 FIEM 职能部门之间需要有确定的信息传递和接收,以确保卓越标准模型的有效性。如果重新审视图 1.5 中提出的 FIEM 表示法,可以看到有 10 个基本要素,每个要素都属于设施、人员和支撑流程这三个核心部分之一。当在这一点上看待每个要素之间的相互关系时,可以看到要素之间需要有大量的整合工作和信息流动。

明确了解每个要素之间的信息流,并使之顺利流动,是非常重要的。不同要素信息的流动可以采取多部门会议、用其他要素信息更新日志、对设备性能或故障进行联合审查等形式进行。第 7 章中将详细介绍知识管理,包括完整性支持过程,以及故障报告、质量保证和查证、对变更的管理等。

3 基于风险控制的企业文化

3.1 引 言

风险管理是设施日常运行的一部分。一方面，如果回避所有的风险，将不会取得任何进展；另一方面，如果对风险容忍度过高，类似派珀·阿尔法海上平台事故或亨伯炼油厂爆炸的事故迟早会再次发生。

一般情况下，设施管理人员有既定的关键性业务目标，只有完成这些业务目标，才能够实现营运目标。这些目标实现过程中的不确定性也被认为是一种风险。风险管理是一项识别、评估和处理风险的系统过程，以便能够最大限度地实现运营目标。风险管理的过程能够帮助人们注意到各种不确定性，以便能够发现和利用有利的新情况。究其本质而言，风险管理需要充分了解风险的相关性并评估优先等级。这就需要深入剖析，明确最重要的方面。明确了这一点之后，才能保证使用严格的方法来监测和控制风险。从风险的角度思考问题，可以确定工作的优先次序，把重点放在最关键的部分上，同时尽量充分地利用设施中有限的资源。

想象一下日常工作中采用基于风险控制流程的完整性组织体系是如何运作的；一个工作核心是以天计数来管理风险、识别风险、评估风险、处理风险的团队，会是什么样的？

因流程问题而引起的安全事故发生概率和事故产生的环境影响在逐步降低。这是因为在处理这类事件的时候，风险管理组织往往主动出击，直接从根源上解决问题，而不是在表面现象上花费时间。生产运行"零故障"是他们的工作目标。所有故障——无论是设备故障还是系统故障，都必须先通过关键性评估，以便采取节能高效的方式对其加以排除。所有的关键性故障都会通过深入分析以查找其根源，然后再予以彻底排除。

将精力集中在能够使设施生产增值的重要举措而非在不痛不痒的部分浪费时间，是这个组织的宗旨，而这正是基于风险控制的企业文化的本质(图 3.1)。设施完整性管理倾向于令组织各个层面的人员都具有责任感和使命感，从管理层到车间团队，每个人都具有全局意识，而高级管理层也能够对这样的意识予以认可。

3.2 风 险

有效地了解和管理风险是设施完整性管理规划的基本组成之一，其目标是在承担风险和从特定活动中获得利益之间取得平衡。了解风险的过程包括对风险形成具体原因的了解和对相关潜在影响的认识。这个过程可能会需要从很多方面着手进行，包括安全、健康、环境、及对商业的影响、设备损坏情况或者以上方面的综合。对风险的了解还应该包括健全的知识储备。这个储备是与打算如何评估风险的过程息息相关的。风险是一个主观的概念，它是当前技术知识无法掌控的部分，与对事件结果预测的可靠性相关。风险无法用数据直观衡量，它是对某一事件发生概率的估计，同时也是对事件后果的评估。

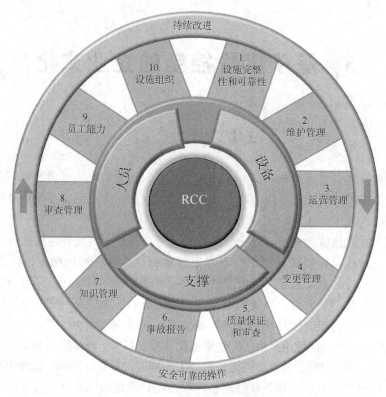

图 3.1　RCC 组成示意图

在数学上，风险被定义为某不良事件的发生可能性或概率与该事件产生后果的乘积：

$$风险 = 发生某不良事件的可能性 \times 该事件产生的后果 \qquad (3.1)$$

既然风险是一个主观的概念，那么应该如何控制它，以完成设施完整性管理之路？

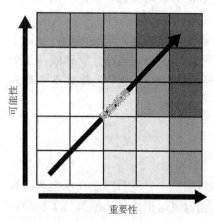

图 3.2　典型的 5×5 风险矩阵

第一件事是通过采用一个简单的可能性（或概率）和后果的表格，将这个概念向前推进一步，这种方法有助于对风险进行量化。一旦能够量化风险，就能对最重要的因素予以分辨，比如哪些因素能给投资带来最高回报、哪些是关键安全及环境问题、哪些是组织发展的最主要领域等。简而言之，可以将有限的资源，无论是人力还是预算，优先用于高风险的项目。图 3.2 是一个简单的 5×5 风险表格，常用于石油石化行业。从这个表格可以看出，随着事件重要性（consequences）和可能性（likelihood）的增加，风险状况也会增长。为了方便表示，可以为完整性体系组织开发一个文字模型，将风险的各个方面，包括成本、环境、安全、运营、声誉等因素套用进来，并将 5 个方块中每个方块的可能性和重要性划入严重程度评级。表格着色由浅到深。深色区域表示高风险，最高风险位于表格的右上角。这些是需要首先集中精力处理的部分。第 4 章将进一步探讨这一概念，届时将对关键性分析进行探讨。

3.2.1 风险分析

风险分析指对意外事故的可能性及其造成的间接损失进行调查分析，以消除或最大限度地减少不良后果。风险分析主要用于识别事故的引发原因、调查事故如何传播，以及预测事故发生后可能产生的结果。事故的引发原因与由于系统或设备的故障而发生事故的概率相关。

设施设计的稳健性和性能的可靠性与风险分析息息相关。从这个角度出发，有两个需要达到的主要目标：

（1）安全可靠的设备设计。

（2）制定保障措施，以消除或最大限度地减少(密封性)损失，提高设备性能。

风险分析可以定量也可以定性，或者是两者的适当结合。具体方式取决于分析的目的和目标。在风险分析中，定量和定性的核心区别是定量风险分析建立了一个数字尺度，如风险发生的概率。而定性分析则使用描述性的尺度来衡量风险发生的概率，如低、中、高等。表3.1和3.2分别显示了定性风险分析的概率和重要性的典型标度。在评估风险时，可根据需要满足的特定标准，对重要性级别进行调整。表3.2举例列出了重要性与成本的关系。

表3.1　定性风险分析的典型概率和可能性等级

等　级	概　率	描　述
1	非常低	极不可能发生
2	低	有可能不会发生
3	中等	可能会发生
4	高	稍大概率可能会发生
5	非常高	很可能会发生

表3.2　定性风险分析的典型重要性等级

等　级	重要性	成　本
1	非常低	预算不需要增加
2	低	预算增加<10%
3	中等	预算增加 10%～20%
4	高	预算增加 20%～30%
5	非常高	预算增加>30%

在需要分析技术风险，如分析成本效益或设备设计的适用性时，定量风险分析是个不错的选择。因为这种分析的结果对做出接受已知风险或减轻风险的决定来说较为方便。在分析软性风险，如来源于组织内部或来自高层的风险时，定性风险分析会更加适合。

在风险分析识别出高层次的风险之后，应立刻采取控制措施对风险进行管理。在采取控制措施时，应从具体问题着手，在处理过程中注意资源的合理配置，谨防浪费。采取控制措施的方式有很多，通常有在工程解决方案中预设风险或通过开发和实施规程进行控制两种形式。在必要时，也可采取两种方式的结合。

在实施控制措施时，应将预防风险作为首要事宜。在预防无效或无法进行预防的情况下，可以尽量从源头上将风险降低到可接受的水平。为完全消除风险，所有资源应该集中于开发和实施同一个工程解决方案，然后顺着风险等级梯度向下，逐渐向更难执行和维护的控制措施，如设施团队的工作方式和设施运行控制等措施靠拢。此外还应制订应急计划以作为最后的保障。

3.2.2　风险管理

英国国家标准 BS4778 将风险管理定义为"决定接受已知或评估的风险和(或)采取措施以减小后果或发生的概率的过程"[11]。因此，风险管理的基本原则是通过识别和管理，将风险降低到可接受的水平。这有助于对资源进行优先排序，并合理配置资源，首先处理最重要或最高级别的风险。

风险管理过程主要涉及以下活动：

(1) 风险的识别。

(2) 风险的分析或评估。

(3) 风险的消除或降低。

(4) 制订和实施用于控制和降低风险的管理战略。

(5) 对管理战略进行监督和查证以求改进。

对风险的有效管理始于对事故开始时的态度、引起事故的根本原因和事故可能引起的潜在后果的理解。在完整性设施管理当中，风险管理是基于风险控制的企业文化的核心概念。从这个核心概念出发，有三个需要达到的目标：

(1) 识别并分析所有风险。

(2) 通过降低风险状况来降低事故的严重性(图 3.2)。

(3) 将有限的资源优先用于最重要的事项。

了解到了基于风险控制的企业文化是基本原则之一后，应将把重点放在风险概念的应用上以增加价值。设施完整性工作应由从车间团队到高级管理层的整个人员组织负责并积极推动。为了省时高效地解决完整性问题，在管理成本的同时对改进内容进行开发和实施，并通过适当地资源平衡来对所有风险进行评估。

所有乍一看似乎并不重要的潜在风险都必须被考虑进来。在评估之前，可能无法理解任何一项风险的重要性。为了说明这一点，将对一个案例进行回顾(2.6.1 节，案例研究——康菲石油公司亨伯炼油厂)。相信这个案例可以帮助理解这一概念，并体会到组织中每个人在这方面都需要进行思考的重要性。很明显，对潜在的风险视若无睹就会导致事故以及灾难性的后果。

3.3　案例研究——筒仓型公司

亨伯炼油厂饱和气体设备新注水点的设计和安装均没有经过严格的变更管理评估。因此根本没有人能够意识到简单地改变燃气管道会产生如此大的影响。但事实上，一旦做过评估，就会发现注水点会为下游的管道工程带来巨大的腐蚀风险[12]。

同样，在设施的运行寿命内，也没有或几乎没有对注水点从连续到间歇使用的变化进行风险评估。这是一项运营要求，但却没有向设施完整性小组说明。这个注水点的使用频率是影响管道工程腐蚀速度的一个主要因素。一旦经过评估就会发现，在该注水点持续使用期间，腐蚀率会大大增加。评估将指出需要更频繁地检查管道，以充分监控管道的完整性。

显然，缺乏对风险识别和管理的重视是事故发生的一个关键因素。有时个别设施团队可能会认为某个部分存在很大的风险，但却没有与其他相关团体分享这些风险信息。缺乏沟通与不能及时进行风险识别和管理是同样重大的失误，因为沟通问题会造成信息传递障碍，成为事故发生的帮凶。事实上在这个案例中，新注水系统使用频率的变化并没有向设施运营团队以外的人通报。于是其他设施团队一直认为新注水系统只是偶尔使用，并不会构成腐蚀风险。在随后对具体的人为因素进行的详细调查中，发现沟通主要是"自上而下"的指示，并未寻求员工的参与。

本案例研究中，可以提炼出许多关键的学习要点。首先很明显，导致该事件发生的关键因素之一是设施团队之间没有进行充分和有效沟通。有效沟通是任何设施完整性规划的重要组成部分之一。设施设备和系统信息的准确记录，以及这些信息的有效流动对预防事故和衡量设施性能至关重要。作为资源充足的过程安全管理系统的一部分，此类沟通应积极让员工参与进来，以对重大事故进行预防。筒仓心态营造了一种环境，在这种环境中，团体或个人不愿意公开或自由地与他人分享信息或知识。其结果是形成了一个自我毁灭的运营环境，不仅效率低下，还会对失败的设施企业文化推波助澜。需要确保信息能够在设施组织间不受限制地流动，以确保完整性组织的有效运行。

一旦适当的风险管理和设施组织之间公开沟通的重要性被低估，就会让自己暴露在设施关键设备故障的潜在灾难性影响之下。其实这个案例中所出现的重大事故本来是可以在事前轻易预防的。如果员工能够在一个整合的团队中工作，设施的运营者能够创造一个沟通不受限且鼓励主动沟通的环境，而每个设施组织都能够主动识别和降低风险，类似事故就不可能得到任何发生的机会。所有这些都是基于风险控制的企业文化所秉持的重要理念。

3.4 向综合性工作方法转变

为了创建基于风险控制的企业文化，需要摆脱筒仓式的思维方式和风险管理方法。这意味着，对于风险的识别不再是单一而独立的。运营团队不再只关注运营风险，维护团队不再只关注维护风险，所有人都在一个综合团队中共同识别和审查风险。通过这种方式，可以避免在筒仓环境或筒仓心态中处理风险。因为筒仓不仅有很大的限制性，而且会造成效率低下和故障多发的环境。

作为一个以风险控制为中心的组织，其目标是将设施完整性卓越标准模型中的三个核心完整性要素结合起来。这三个要素分别为设施完整性和可靠性团队、维护保养团队及运营团队。通过三个核心完整性小组技能和经验的重叠，可以获得巨大的协同效应（图3.3）。

在向综合性的工作方法迈进前，需要让自己的完整性体系组织先退后一步，对镜中的自己进行批判性的审视。这是因为作为一个完整性组织，需要首先对自己的行为方式及这种行为方式对绩效的影响有所了解。了解是否具有筒仓式组织的特征，像图3.3情景（a）中的表现的那样；或者情形是否介于情景（a）和情景（b）之间。

企业文化的改善指对组织内现有的工作方式进行有意义的改变。

解决组织的企业文化问题是一项重要的工作。然而，为了使 FIEM 能够在设施中长期保持，当遇到完整性问题时组织在思考和行为上的方式需要逐步改变。

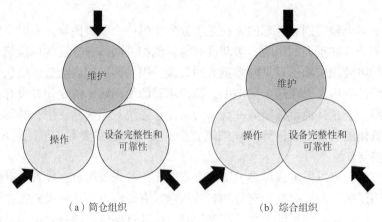

（a）筒仓组织   （b）综合组织

图 3.3　通往综合性工作方法的途径

3.5　其　他　概　念

基于风险控制的企业文化是设施完整性管理卓越标准模型的核心术语，它代表了卓越水准的组织文化。在基于风险控制的企业文化中，最关键的组成部分是文化，因为它规定了设施组织中员工的行为方式。完整性组织必须有正确的信念、心态和工作方式，才能获得成功。RCC 很容易就能得到印证。当对 21 世纪发生的重大石油和天然气行业相关事故，如派珀·阿尔法海上平台事故进行分析时，可以很明显地看到不良的员工行为方式导致了不适当的风险管理，从而使一个本可以轻松预防的重大事故有机会发生。

基于风险控制的企业文化是一种理想，描述了整个组织共享的关于风险的价值观、信念、知识、态度和理解，并推动实现共同的目标。RCC 的目标是实现"零故障"文化，以保障现场设施、员工和生产园区，并最大限度地提高设施的回报。基于风险控制的企业文化是设施完整性卓越标准模型的核心。它是完整性组织的命脉，确保完整性核心概念深深根植于从最高管理层到最低层车间所有工作人员的心中。

前文已经详细讨论了风险和风险管理。它们是基于风险控制的企业文化中不可或缺的一部分。但也不应忽视识别和处理风险的关键之一是尽可能有效地部署和利用有限的资源也是关键一环。无论是设施资源还是人员和材料都非常宝贵，这就要求在有限的资源中获得最大的价值。正如图 3.2 所示，为了达到这一点，需根据重要程度对相关事项投入的资源予以倾斜。可以想象，如果每一个团队都能最大限度地增加其工作价值、优先处理关键项目并节省时间，那么设施运营就会更加有效。

在之后的章节里，将会介绍一些非常实用的、用于优化资源的技术和工具，例如基于风险的方法。

既然设施组织已经将资源投放在重要的事项上，根据基于风险控制的企业文化的导向，还需确保组织配备必要的技能和工具，以帮助其尽善尽美地完成职责，同时成为一个学习型的组织。（将在第 8 章设施完整性人员组织中详细探讨这一概念。）

为完成基于风险控制的企业文化，需要关注以下几个关键方面：

（1）将风险意识嵌入完整性过程和系统的核心中，如运营和维护的规划会议、设施设备的性能评估、故障或失效设备的根本原因分析等。实施封闭式审查或其他独立的风险审查，使以风险为中心的结构嵌入组织中。

（2）为员工和管理人员开展风险管理教育和培训计划，并根据设施组织中的个人角色为他们定制工作及个人发展规划。将风险意识融入入职培训计划中。

（3）加强正式的沟通渠道，并鼓励核心设施完整性小组之间的非正式沟通。

（4）使用共同的风险术语。创建一个让组织能够公开、坦诚地讨论风险的环境。鼓励和培训员工使用共同的风险术语更有利于不同团队形成共同理解，促进有利于风险管理环境的形成。

（5）对现有设施内的完整性流程进行严格审查，评估设施内的反馈环路的有效性。在此过程中，确定并缩小差距。

（6）通过宣传活动、每周通信、设施内网、知识分享会、"午餐学习"倡议等，向内部和外部利益相关者宣传设施的完整性要求。

3.6　改变组织的文化

"当一种变化渗入企业机构的血液中时，这种变化就会持续下去"[13]。在新的行为根植于组织的共同价值观之前，一旦变革的压力解除，这些行为就会后退。为了使 FIEM 有效实施，改变组织文化是进行企业变革的目标。将在第 10 章中详细探讨如何实施重大变革，比如将新的设施完整性管理体系代入设施系统。

改变整个企业的文化，需要整个组织的参与。识别、分析、评估和管理风险的过程不应完全由管理者掌握。虽然高级管理层在决定企业的命运方面有全面的发言权，但管理者可能无法掌握关于企业所面临风险的所有知识和情况。为了使文化变革进行顺利，有必要创造一种环境，承认并奖励员工对风险的关注。这包括有勇气并知道如何建设性地挑战当前的工作方式。

改变一个组织风险文化的重要因素有：

（1）营造一种具有建设性的挑战文化。

（2）将风险性能指标引入到激励系统中。

（3）在人才管理过程中建立风险管理意识。

（4）让具有风险意识的人员就职于较重要的风险管理职位。

（5）强化行为、道德和合规标准。

（6）将风险管理的经验教训纳入交流、教育和培训中。

（7）要求员工对自己的行为负责。

（8）根据业务战略、风险偏好及其容忍度的变化完善风险绩效指标。

（9）根据业务战略和优先事项的变化重新对人员职位进行部署。

FIEM 要求将基于风险控制的企业文化深深植根于组织的各个层面，从上到下，从政策到战略，最终在公司内部运作的各项工作程序和标准上反映出来。

不难发现，当基于风险控制的企业文化开始显现效力，行为模式会从孤军奋战的心态转向运营、维护和工程之间积极主动的合作关系，这一点是至关重要的。因为不同的设施小组将以"不仅仅是解决它，而是要彻底解决它"的心态提供意见和想法。

　　要做到这一点，企业文化必须能够对诚实员工的错误有一定的容忍度。然而因疏忽引起的事故仍要惩戒，所以信任和诚实是企业文化需要着重培养的品德。只有这样，员工才会愿意保持开放的心态而不是推诿责任，以一种积极的心态来寻找最佳解决方案。

4 设施完整性和可靠性管理

4.1 引　言

设施完整性和可靠性作为一个独立的部门，其在石油天然气或石化设施中的作用对于部分人来说可能是一个陌生的概念。然而，作为成功的设施完整性管理系统和设施完整性管理卓越标准模型的组成部分，这个概念必不可少(图4.1)，FI&R 在设施安全运行、保证产品产量、产品质量和设备可用性方面发挥着关键作用。

FI&R 在设施安全运行、保证产品产量、产品质量和设备可用性方面发挥着关键作用。FI&R 的作用可能会通过多种不同的方式在不同的组织中体现，但实质上的基本要素不变。

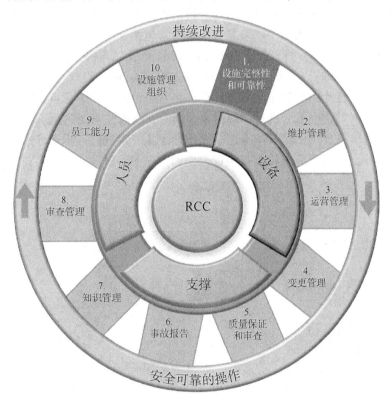

图 4.1　设施完整性和可靠性的关键要素

FI&R 的设施可靠性要素主要与转动性设备有关，例如泵、压缩和涡轮机。其重点是对设备的性能进行评估和优化，以保证设备的可用性符合公司的业务目标。4.6 节中将对可靠性进行详细讨论。

FI&R 的设施完整性要素主要与静态设备有关，例如管道、热交换器和容器。对静态设备来说，最重要的是确保没有密闭性损失。这涉及材料在其工作环境中的重大老化机制，如腐蚀、侵蚀和蠕变。完整性要素侧重于各种检查技术的适当应用以及为防止老化机制而采取的补救措施。仔细分析收集到的检查数据有助于对适当补救措施的选择，这些补救措施可能包括进行重新设计、采取化学抑制剂、寻求订制的维护计划或设备更换等。检查是 FI&R 和 FIEM 的一个重要特征，详见 4.7 节的内容。

4.2　设施完整性和可靠性的作用

FI&R 部门的职能旨在最大限度地延长静态和旋转设备的正常运行时间，其作用分为两个组成部分：一是可靠性作用，主要是预测和避免故障；二是完整性作用，主要是密切监视已知的静态老化机制并采取主动性措施，在多数情况下即为材料的腐蚀控制。

设施完整性和可靠性因素旨在确保设施安全运行，并优化设施系统和设备性能，以实现生产目标。设施的完整性和可靠性都是为了在保证可接受的安全和性能标准的同时实现利润最大化。

图 4.2 是油气或石化设施 FI&R 功能的典型组织结构图。从本质上来说，其作用可分为可靠性和完整性。如前文所述，可靠性主要与转动设备或有移动部件的设备有关，而完整性主要与静态设备有关。因此团队中的可靠性小组通常包括专门负责可靠性的工程师、根本原因分析(Root Cause Analysis，简写为 RCA)团队(尽管在 RCA 调查期间，完整性团队也必须与其他团队一起接受问询)以及状况监测(Condition Monitoring，简写为 CM)团队。可靠性工程师通过提供以可靠性为中心的维护专业知识，将状态监测工作的重点集中在关键设备上第5章"维护管理"中将对这个部分进行详细讨论。同时，状态监测团队也可以使用许多技术和工具来确定设备性能第5章中将详细介绍。完整性团队通常被进一步细分为检查组和材料腐蚀老化组。检查小组由若干设施检查员组成，他们的任务是对设施进行检查，重点是利用一

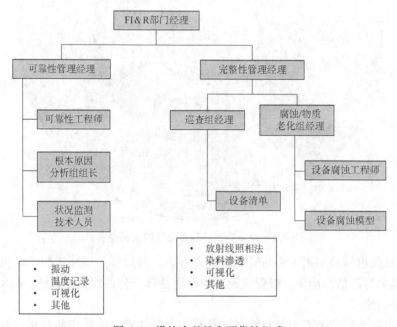

图 4.2　设施完整性和可靠性组成

些不同的技术和工具检查静态设备是否有老化的迹象。材料腐蚀老化组通过各种方法为检查员提供专业知识，以便检查员明确需要优先考虑的工作，包括能够预测设施腐蚀发生位置和程度的数学模型以及模拟器。设施完整性和可靠性涵盖了广泛的概念，所有这些概念对于确保设施设备和系统按要求履行其职责都至关重要。FI&R 功能的基本要素之一是对设施设备和系统数据的管理。这一操作是通过数据库和大量计算机软件，以及在某些情况下甚至是硬拷贝来完成的。与这一操作相关数据的收集来源非常广泛，其中包括状态监测和检查数据。这些数据一部分是实时数据，另一部分是历史趋势。重点是这些数据的来源是正确的、可靠的、实时的，且能够得到有效地存储并能被及时传输到需要数据的各个部门。第 7 章中将讨论与知识管理相关的内容。

4.2.1　设备及系统故障

从本质上讲，FI&R 致力于通过合理的设计以及培训合格人员的仔细操作来避免设施设备和工作流程所产生的故障。在过程中会对设施及其设备进行密切监测，并通过监测尽早发现设备老化的迹象，遏制故障机制的发展，达到在故障发生之前进行补救的目的。无故障的生产环境可以更有效地帮助利用设施、提高产量，最终实现更高的销售回报。

图 4.3 显示了设备故障导致最终生产功能丧失的行为图示，即 P—F 曲线[14]。在处理故障机制的过程中，最重要的是了解故障是如何发生的以及如何在早期发现故障时安排时间进行计划和维护，以便在故障变成事故之前将其解决，从而最大限度地减少对生产的干扰。

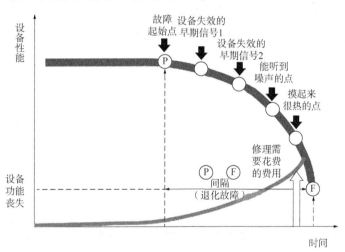

图 4.3　P—F 曲线——设备故障

一旦某个设备开始显现故障，无论这个故障多么微小，它都迟早会扩大到可以被检测到的程度。这种故障的苗头被称为故障起始点(P)。故障起始点是处于初始阶段的微小故障，因为较为微小，可能不一定被发现。随着故障的扩大，微小故障可能发展为性能退化或严重故障，设备性能逐渐恶化，甚至无法达到其原始设计要求。

老化造成的故障可以通过使用一些故障查找技术检测出来，如故障检查、状态监测和过程诊断等。通过早期检测并解决设备故障，可以消除可能导致设施发生重大事故的潜在故障，从而节省大量成本。

如果任由故障发展，设备情况最终会达到功能完全丧失（F）的程度。而当设备情况接近曲线中的功能完全丧失点(F)时，发现故障后的解决办法通常是被动维护。

故障起始点(P)和功能完全丧失点(F)之间的间隔时间通常称为P—F间隔[14]。这是通过监测和检查手段发现并解决故障的有利时机。在设备发生故障之前检测和解决故障可以为设施增加很多价值。

绝大多数故障都是随机的，这意味着它们可能在任何时候发生。现在，来看看Nowlan和Heap在20世纪70年代研究并提出的失败主导模式[15]。

4.2.2 "浴缸形"曲线

直到近年来，人们还认为所有设备的磨损特征都会表现出典型的"浴缸形"曲线，这是设施可靠性文献中非常流行的一个概念。这种类型的曲线有三个非常容易识别的区域：

（1）初始状态脆弱区：设备在制造完成或经历大修后的一段时间内，会出现很高的故障概率。

（2）具有持续低故障概率的区域。

（3）磨损区：随着设备使用年限的增加，故障概率将迅速增加的区域。

20世纪70年代至80年代，美国联合航空公司的高级管理人员F. Stanley Nowlan和Howard F. Heap对航空业的故障特性进行了广泛的研究[15]。

研究发现了一些有趣的结果，并得出结论：89%的被分析项目没有磨损区。这意味着对于这些设备来说，在一定使用时间之后，其发生故障的概率基本保持恒定。即此类设备的表现无法通过干预来改善。研究发现，磨损特征曲线分为6个基本模式。无论设备类型如何，其可靠性模式都会符合这六种基本模式之一。这些可靠性模式如图4.4所示[15]。

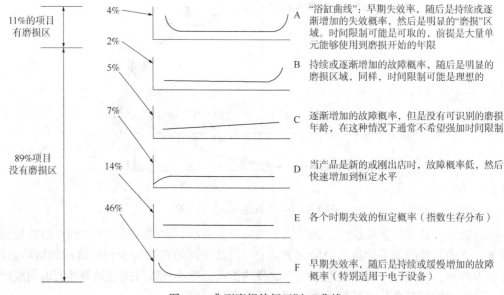

图4.4 典型磨损特征"浴缸"曲线

浴缸形曲线或故障概率模式说明了设备使用年限内故障率的变化。研究还指出，故障的概率是可以被影响的。如果对设备的故障模式有所认识，就可以调整FI&R和维护工作，选择最合适的维护策略，以便将故障率降低到可接受的水平。

4.3 被动型设施完整性管理方法

从历史上看，石油、天然气和石化行业应对设备故障倾向于被动响应的方式，即"在设备损坏或发生故障后再修复"的心态。换句话说，它的方法是被动性的。相反的，检测并防止设备故障是一种积极主动的方法。总体来说，很少有人致力于检测设备故障的早期迹象，只有在故障实际开始威胁生产输出时才会采取相应的行动。故障分析的精力往往处于较高水平，通常集中在人为错误和机械故障。同时，可能没有考虑更多间接的故障原因，例如偏离原始设备制造商(Original Equipment Manufacturer，简写为 OEM)规格和设备的错误操作。图 4.5 可以看到，被动性维护管理方法可以是一个处置周期。

在设施上安装了新设备以后，设备开始运行，一段时间后故障发生，于是进行维修或更换，故障被排除。一旦故障被如此排除，设备恢复运行相似的操作会导致这个循环继续发生。我们发现，在设备老化成为故障、继而达到 P—F 曲线(图 4.3)中的点(P)发展成为事故的过程中，通常没有或很少有人对设备老化造成的故障进行评估。因为具有这样的性质，这种模式往往意味着极高的、不必要的维护成本，以及很低的设备可靠性能。

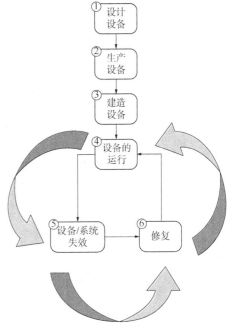

图 4.5 被动的维护管理方法

4.4 从被动到主动的思维方式转变

如今，行业格局已经发生了巨大变化，竞争日益激烈。为了能够获得更大的产量，设施设备的运行状态自然而然地成了在激烈竞争中获取一席之地的关键。这要求完整性管理必须摈弃被动模式，以主动的思维方式为主。设备必须可靠才能保持竞争力，生产过程中的每分每秒都必须在计划之内。图 4.6 展示了从被动模式转变为主动模式工作流程中的其他步骤。

因此，当设施设备发生故障时，第一要务是对其根本原因进行分析，以了解故障模式，更快速有效地对故障进行排除或消减。从解决故障的根本原因着手且故障率因此降低，代表着开始对设施设备有所控制了。

准确和全面的数据是所有改进工作的基础。这就是为什么需要在发生功能故障之前采取预防措施，监测和捕捉来自设施运行和设备老化故障的性能数据。这一步骤能够更加有效地对设备故障进行管理，延长设备的正常运行时间。遵从此方法可以帮助人们从根本上找到设备和系统的缺陷，并最终在设计、采购和施工阶段解决这些问题。所以，可靠的工厂设施和组织良好的维护保养体系能够有效地降低整体维护成本。

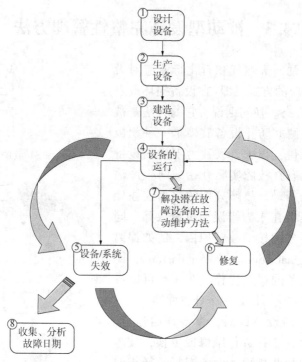

图 4.6 从被动思维模式转变为主动思维模式

4.5 基于风险控制的管理方法

前文已经讨论过一个事实，即传统的维护和检查活动往往是以时间为基准。现在，许多石油石化公司正在向以风险控制为基准的管理方法（Risk-Based Methods，简写为 RBMs）转变。

事实上，基于风险控制的管理方法是 FIEM 的一个主要特点。RBMS 提供了一个结构化的风险管理方案，可以帮助尽量减少设施的停机时间，并最大限度地提高安全性能。同时，RBMS 使人们能够对现状予以识别，更好地利用能够改善设施设备性能的机会。

RBMS 的应用可以带来很多显著优势，如下：

（1）改善设施设备的安全性和可靠性。

（2）维护和检查任务的流程变得更加强大和可靠。

（3）更加有效地利用资源。

（4）更有效地制订维护和检查任务的优先级。

（5）改进质量保证和审计工作。

目前有 3 种以风险为基准的基本管理方法。每个方法都适用于不同类型的设备和系统，具体如下：

（1）以风险控制为基准的检查（Risk-Based Inspection，简写为 RBI）：一种检查方法，主要检查静态设施设备的材料降解机制，并评估因此引起的故障的概率和后果。RBI 将对风险进行排序，以便制订更好的检查计划，降低风险。RBI 的重点是静态设施设备，如管道和管线、容器、热交换器、储罐、锅炉等。4.7节中将详细介绍 RBI。

（2）以可靠性为中心的维护（Reliability Centered Maintenance，简写为 RCM）：一种以风险为基准的管理方法，其重点是确保设施设备和系统在使用年限内能够按照其设计意图运行。RCM 还被用来进一步优化和提高设施的设备性能，以及相关的优化维护成本。RCM 的定义请参照技术标准 SAE JA1011《RCM 过程的评价标准》[16]。RCM 一般适用于转动和往复式设备，同时也适用于加热、通风，以及电气设备。在第 5 章将详细介绍这一概念。

（3）仪表保护功能（Instrumented Protective Function，简写为 IPF）：一种以风险为基准的管理方法，其重点是保障设施仪表和控制系统的完整性。IPF 方法与安全仪表系统（Safety Instrumented Systems，简写为 SIS）相关联，它包括一套用于关键过程控制系统的硬件和软件控制工程。IPF 被倾向于应用于控制系统，例如火灾和气体检测、紧急停机和设施过程控制系统等。

4.6　可　靠　性

可靠性可以通过多种方式来描述：

（1）在特定条件下，在特定时间内适合某一用途的设备。

（2）在特定条件下，设备在指定时间段内执行所需功能的概率。

（3）在没有老化或故障的前提下，设备按要求持续执行其预定功能的能力。

（4）在特定环境下的指定时间范围内无故障发生。

（5）平均故障间隔时间。

（6）随着时间推移的产品质量。

归根结底，可靠性指在特定的环境和特定的时间范围内，通过对设备的谨慎操作和适当的设计来防止设备故障。它由成本驱动，因为预防故障需要费用，而改进决策总是与钱有关。

可靠性不是物理特性，无法感觉到、摸到或闻到。然而，它对于确保设施的有效运作却有着至关重要的作用。可靠性是可以测量的，但准确的可靠性测量需要时间：测量时间越长，可靠性测量的结果就越准确。

可靠性可以被定义为一个设备项目在特定的条件和特定的时间跨度内执行其预定功能的概率。这个时间跨度通常被称为任务时间：

$$可靠性 = e^{-t/\mathrm{MTBF}} \tag{4.1}$$

式中　t——任务时间；

　　MTBF——平均故障间隔时间。

指数故障分布用于描述偶然故障，它被用来简化系统故障的多种混合故障模式。

MTBF 是一个重要的术语，因为它量化了可靠性性能，并且可以提供有关设施设备运行可靠性的信息：

$$MTBF = 设施设备的使用年限/设施在测量间隔期内的故障总数 \tag{4.2}$$

MTBF 被用来衡量可修复系统的可靠性能，因为它侧重于故障之间的时间跨度，可帮助制订预防性维护计划。相对于任务时间而言，如果 MTBF 较短，说明该设备可靠性较低。相反地，如果 MTBF 较长，则设备可靠性较高。

可靠性的另一个重要量化指标是平均修复时间（Mean Time To Repair，简写为 MTTR）。它是衡量可维修设备项目可维护性的基本措施，主要衡量维修一个故障设备或部件所需的平均时间：

MTTR = 总修复维护时间/修复性维护措施的总数（在测量间隔期间内）

现在可以用以下方式表示可用性：

$$可用性 = MTBF/(MTBF+MTTR+PM) \tag{4.3}$$

式中　PM——预防性维护工作所花费的时间。

如果专注于 MTBF 的增长或 MTTR 的降低，就会发现设备的可用性有所改善。

可靠性工程关注的是由系统停机引起的故障排除成本，其中包括备件成本、设备维修、设备大修、人员及设备保修的成本。

可靠性工程的目标是对设施设备的可靠性进行评估，并找到潜在的可改进区域。这种改进不仅包括设备设计方面的改进，还包括设备的操作方式和维护方式方面的改进。其实从实际角度来看，没有故障能被彻底排除。因此，可靠性工程还着重于对高概率故障及其影响的识别和缓解。

可靠性工程是一个持续的过程，从设施设计的概念开始，贯穿设施使用年限中的所有阶段。这个过程涉及许多不同的工具和技术。其目标是在设备使用年限中尽早解决潜在的可靠性问题，以使成本最小化。如图 4.7 所示，如果能在设施使用年限的早期，即概念设计或详细工程设计阶段就将设备可靠性提上日程，相关的可靠性工程费用要比使用年限后期的建设或运营阶段少几个数量级。

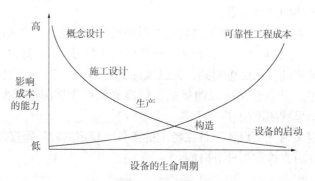

图 4.7　可靠性工程的成本

可靠性工程师应该对不可靠性成本有详细的了解，并掌握解决这个问题的重点所在。

工厂的不可靠性成本是多少？设施离线 1h 需要多少费用？了解不可靠性以及如何回答这些问题是迈向 FIEM 的重要一步。

4.7　检　　查

设施检查小组负责一系列关键活动。这些活动以设施中的静态设备监测和性能评估为中心，通过许多活动和检查技术来实现。

检查活动包括从设施中检索静态设备信息，并对材料老化率进行评估，以便在故障发生之前进行预防性维护。例如，材料可能以腐蚀，侵蚀或蠕变的形式降解。这说明有许多不同的退化机制在起作用，而这些机制都需要特别注意。检查小组的任务是通过识别、评估、预测以及制订和实施缓解措施应对这些退化机制。

检查小组可以根据具体情况采取许多方法、工具和技术来解决不同严重程度的风险问题。手动检查技术包括目视检查设备的表面状况，并重新检查先前已发现的故障，以确定故障是否有所发展。进行目视检查的标准是将目视检查数据与标准基准进行比较。目视检查的频率取决于许多参数，其中包括对维修或保养操作严重程度的理解：例如，如果维修或保养含有高度腐蚀性操作，检查就需要比非腐蚀性操作更为频繁。在这一点上，监管机构实施的官方考试中也含有与检查频率相关的规定，需要严格遵守。

对设施设备腐蚀趋势进行建模是制定检查计划的一个关键因素。腐蚀趋势是一个基于现有设施设计和维修数据的趋势数据，利用它可以建立预测腐蚀的计算模型。该数据可以用来帮助制订检查要求。

检查组由若干检查员组成，他们的任务是按照检查计划的规定，每天对设施进行检查和监督。他们会对数据进行审查，并对关键的重点领域进行评估。

作为FI&R小组的一部分，检查组内可能还需要配备腐蚀工程师。材料降解机制，如腐蚀，是一个设施的主要关注点。FI&R小组的重点任务是对设施上的材料老化有清楚地了解，并能适当地对其进行管理风险。腐蚀工程师能够预测腐蚀的重点区域和设施上相应的腐蚀率。计算机化的数据库系统能够通过对腐蚀趋势进行建模和预测高风险区域来简化腐蚀数据管理。

在检查规划中，可以通过无损检测（Non-Destructive Testing，简写为NDT）技术，在设施上的既定测试点获取数据。这些数据通常与设施的等轴测模型相链接。静态设备壁厚测量由检查员进行，其目的是根据已建立的测试点位置验证模型预测。这个部分有许多商业软件可以用来作为辅助。

在必要时，检查团队可以选择对设施进行实时监控。实时监控的费用较高，但可以产生实时结果，尤其适用于高级别的关键区域。这一手段可对设备正在使用时发生的腐蚀或材料降解的速率和程度起到实时监察的作用。

在检查手段的选择上，要求所选择的检查方法必须能够准确、可靠地显示腐蚀或材料老化率以及工厂的当前状况。一些已经在行业中使用和测试多年的技术手段非常值得推荐。它们包括：

（1）超声波检测，一种非破坏性检测技术，利用便携式超声波探伤仪或数字/模拟厚度计来测量静态设备（例如管道）的壁厚。

（2）电阻式腐蚀探头，可以在运行过程中测量腐蚀率，而不需要拆除探头。其工作原理是探头元件暴露在腐蚀性条件下会产生的电阻变化。腐蚀探头通常通过阀门插入设施装置，暴露于维修或保养用液体中。探头的状况可以通过自动监测系统、便携式仪器或将其从装置中取出进行物理检查来进行查看。

（3）数字X光片，是一种可以提供即时图像预览的X射线成像手段。它可用于测定静态设备的壁厚。

对设备检查人员而言，及早发现静态设备故障至关重要。因为只有及早发现，才有时间来制订计划和安排维修，在故障变得严重之前将其排除。为了实现"及早发现"这一目标，在设施资源有限的情况下对工作进行优先级排序是很有必要的。作为一种行业规范，基于风险管理的检查操作也旨在实现这一目标。

4.7.1　完整性数据管理

为了便于检验和腐蚀数据的有效管理，通常有必要采用计算机化检查与腐蚀管理系统（Inspection And Corrosion Management System，简写为ICMS）。ICMS汇集了所有与设施检查和腐蚀有关的信息。它可以帮助FI&R小组和设施管理团队做出更明智的、与设施完整性相关且以数据为导向的决定。ICMS在FIEM中起关键作用，因为它改善了设施中不同职能组织（包括运营，FI&R和维护）之间的通信。

ICMS还可以简化工作流程并提供可查证的跟踪记录。记录包括检查记录和历史完整性性能数据，如腐蚀老化数据。他们可以为预测整个设施的设备老化提供坚实的基础。

了解关键设备的腐蚀情况是非常必要的。ICMS是对设备老化机制进行有效建模的基石。为了能够产生可信且可靠的预测，上传到ICMS的数据必须是准确并且一致的。

计算机化的检查和腐蚀管理系统是一个数据库，在完整性数据的存储和检索方面，数据库的存在是高效率和高效力的保证。它应该简单易用，能够灵活地捕捉设施流程或设备的变化，并提供强大的报告功能。同时，它需要能够与设施上正在使用的其他检查和腐蚀软件对接。只有这样才能实现修订管理，消除重复检查和腐蚀数据中的重复处理，因为这很可能是错误的来源。此外，数据库需要能够与维护管理系统（Maintenance Management System，简写为MMS）进行交互。这是因为MMS中也储存着大量的设备历史数据。将MMS和ICMS合在一起，可以根据历史数据得出全面的设施设备性能图。

最后，必须设计一个ICMS，用来支持以风险为基准的检查（risk-based inspection，简写为RBI）。RBI是FIEM的关键流程之一，它为管理静态设备的完整性提供了坚实的基础，同时也支持和推动了很多完整性基本原理的进程。这些基本原理都是以风险控制为中心的企业文化所必须的部分。

4.7.2　基于风险管理的检查

基于风险管理的检查是一种旨在最大限度减少设备停机时间并延长设施设备使用年限的方法。有效的RBI规划可以大大增加现有设施完整性规划的有效性。它能够降低与设备故障相关的风险，从而使健康，安全和环境的风险得到控制。由于是以风险管理为基础的，它也可以帮助有效地确定设施资源的优先次序，而这正是以风险为中心的企业文化以及FIEM的关键组成部分。RBI专注于静态设备，其中包括管道、管路、容器、鼓轮、热交换器等其他许多设备。

基于风险管理的检查规划的主要优点有：

（1）增加相关人员对设施设备性能的信心。

（2）有效查看和管理设备老化机制。

（3）缩短设施停机时间。

（4）与"传统检查"方法相比，节省了总体成本。

（5）符合行业HSE合规标准。

RBI的基础是风险评估。RBI的方法往往根据所进行的风险评估的深度和类型而有所不同。风险评估方法可以是定性的、定量的或两者的结合。定量方法往往容易产生以绝对失败概率和后果为依据的完全量化的结果。定性方法则倾向于从使用一般的概率值进行打分型评估。一般来说，因为需要更多的资源和时间来进行开发，定量方法的执行成本更高。

基本上，为一个设施或设施的一部分开发 RBI 程序时，可以进行专家审查或使用适合的 RBI 软件系统，或两者的结合。

4.7.2.1 RBI 软件系统

在石油化工和油气行业有许多软件系统可以支持 RBI 程序的开发。RBI 软件要求提前收集设施完整性数据并上传到软件系统中。在某些情况下，对于设备和系统已经老化的老设施来说，收集这些数据可能比较困难。

数据的收集和准确性是 RBI 的一个关键因素。为了确保 RBI 规划输出的可靠性，全面且高质量的数据集是非常重要的。数据收集的成本非常昂贵，值得将精力花费在 RBI 规划成本与返回给设施的投资回报之间的平衡上。为了能够降低成本，在大多数情况下，数据的收集可以由经过精心管理的非技术人员来完成。但检查数据的审查和签收必须由合格且有经验的工程师完成，以确保数据的可靠性和质量。作为 FI&R 小组的重要成员，RBI 工程师应具有腐蚀或材料背景，熟悉设施流程，并对检查技术和工艺流程有一定了解。他们在 RBI 项目的开发和持续运作中发挥了重要作用。他们的主要工作是对 RBI 软件模型进行高频率的审查和准确性检查，并对起作用的老化机制进行分析。RBI 软件能够结合设施数据和材料及流体属性数据库，计算可能性评估、后果评估以及故障模式的风险等级。检查计划包括检查任务和检查频率，可以通过软件产生。RBI 工程师对 RBI 评估结果进行审查，以确保其在设施上实施前有可靠的输出。

RBI 软件系统可以快速跟踪腐蚀和老化风险评估，并快速生成检查计划。它们能够执行数据的批量处理，从而节省时间和资源。RBI 软件系统的输出是可审查和重复的，这是 FIEM 的一个重要因素。

RBI 软件系统可与 ICMS 集成，甚至在某些情况下能构成同一系统的组成部分。这对数据的连续性和版本控制很重要。此外，由于 RBI 程序的开发涉及设施设备完整登记册的创建，因此该登记册会被加载进 RBI 软件系统，并且链接到计算机化维护管理系统（以下简称 CMMS）当中。在第 5 章中将讨论这个部分。

4.7.2.2 RBI 专家评审

第二种方法是"专家评审"，需要组建一个专家审评组。专家审评组必须拥有适当的学科跨度、技能和经验，以确保能够理解被审查的所有投入，提高产品的生产质量。召集团队进行 RBI 评估，需要投入大量的时间。重要的是，为了能够集中人员的精力，RBI 评估需要在没有干扰的环境下进行。RBI 的评估包括对每个项目的详细审查。这包括首先对每个项目的设计和维护历史进行彻底审查，以便对故障的可能性和后果得出合理的结论。通过专家评审得出的 RBI 评估结果一般不可重复。这主要是因为它依赖于人类的决策，而不是计算机算法。

通过 RBI 的应用，可以对流程变量和结构材料进行重审，确定可能导致故障的损坏类型。不仅如此，可能发生的故障位置、应该进行的检查频率，以及适当的、具有成本效益的检查技术，都可以通过 RBI 的应用得到帮助。因此，与影响小的项目相比，故障概率高、后续影响大的项目被赋予更高的检查优先权，从而使检查资源的应用更加合理。整个流程的结果，是将资源集中在最有可能对设施构成风险的特定资产上。

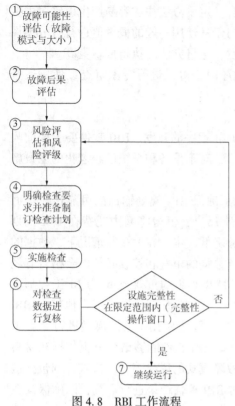

① 故障可能性评估（故障模式与大小）

② 故障后果评估

③ 风险评估和风险评级

④ 明确检查要求并准备制订检查计划

⑤ 实施检查

⑥ 对检查数据进行复核

设施完整性在限定范围内（完整性操作窗口）　否

是

⑦ 继续运行

图 4.8　RBI 工作流程

4.7.2.3　RBI 工作流程

制定 RBI 风险评估和规划的基本步骤如图 4.8 所示，该图显示了 RBI 工作流程。

（1）故障可能性。

对于每个设施设备案例来说，工作流程的第一步都是评估故障的可能性。这一步主要用来估计可能导致事故的密闭性损失的可能性。这种可能性通常由特定的劣化机制，如腐蚀造成。故障可能性评估则基于一套全面的、预先制订的老化机制，通常归纳为四种通用的老化模式：管壁（容器壁）变薄、环境影响、机械机制和冶金机制。

为了确保故障可能性评估的结果的可靠性，每一种可能的故障模式都应适用于 RBI 故障模式数据库中正在审查的所有设施设备和系统。这样，评估中可能产生的歧义就被消除了。

（2）故障后果。

故障的后果评估采用了基于一套预先确定的标准危险后果评级，这些标准通常包括安全、商业和环境后果。评估应尽可能简单，并以现实中发生过的最严重事故为基础。

（3）风险评估和风险评级。

风险评估是通过使用如图 3.2 所示的 5×5 的风险评估矩阵进行的，它可以帮助分析可能性和重要性，继而产生风险评级指标。所有被审核的设备和系统都将被指定风险等级。对于风险等级最高的项目，将增加其检查频率，并根据具体情况制定计划。

（4）检验计划。

RBI 规划的关键意义之一是为所有设施设备制订出量身定制的检查计划。这些检查计划主要用来排除与设备故障模式相关的具体风险。在这些计划中，高风险设备会取得优先权，并且被合理地分配到宝贵的设施资源。检查计划通常包括以下内容：检查任务、详细信息、检查频率和截止日期等。

检查计划完成并得到 FI&R 管理团队的批准后即可上传，并在计算机管理工具中进行跟踪。检查计划可以被上传进入 ICMS 或 CMMS 系统，在上传完成后，其检查结果将可进行检索或接受审查。

检查结果的审查

检查结果的审查是 RBI 的一个重要组成部分。审查可采用 4.7.2.2 节中所述的专家评审形式。在初始 RBI 规划完成并将检查数据上载到 RBI 软件系统后，可以创建一个可持续改进的周期，以确保在新的风险和变化情况下系统仍可持续操作。

4.8　设备的相对关键性

完整性和可靠性的核心是通过使用"关键性优先等级"来对风险进行有效的管理。这里的"关键性"特指那些对业务目标至关重要的设施设备和系统，它们可能与安全、环境、可用性、质量和间接成本等方面相关。在通过甄别以后，对于优先级较低的设施设备和系统，可以相对降低其维护和操作所需要的资源。因此，关键性评估是为设施设备指配适当操作和维护策略的重要手段。

关键性是 FIEM 的核心概念之一，它与设施中所有设备和系统的风险评估有非常紧密的联系。风险评估由包括设备故障的操作风险在内的许多标准共同决定。如果有设备发生故障，那么阻止设施运行的设备就会被划定为"关键性"设备。在维护水平和操作人员方面，被划定为"关键性"的设备将获得资源倾斜，帮助其最大限度地提高可靠性。所有"关键性"设备和系统的设计、采购、施工和运行都需要进行非常严格的要求。

最终，对特定设施的关键性评估将依照风险评级的标准对设备进行评级，其结果是设施的每一个项目都会进行关键性风险排名。现在回看图 1.3，它显示了风险与设施设备的百分比。从这个图可以得知关键性评估将把大约 20% 的设备划分为"关键性"设备。在关键性评估完成之后，就可以根据关键性等级来订制维护、操作和检查策略了。

可以按以下方式计算设施设备的关键性：

$$相对设备的关键性 = 业务影响 \times 故障可能性 \qquad (4.4)$$

在式(4.4)中，业务影响和故障可能性是根据一套预先定好的标准来确定的。因为具体操作条件和相关风险可能有所不同，这些标准可以依据不同设施的情况进行设定。

4.8.1 业务影响

故障的业务影响可以通过多种方式进行确定。通常情况下，要考虑安全、环境、生产、维修成本和维修时间等方面的影响。这些参数将会被分解为 5 个严重程度等级。

以修复时间为例，可以将最差情况下的严重等级排名为 5，定义为设备停止运行超过 1周。这是对设施恢复生产所需要时间的预估。严重性等级 1 可以定义为不到 4h 即可恢复生产，依此类推。

4.8.2 故障的概率或可能性

故障的可能性是在规定的设备运行时间内确定的，依然被分成 5 个严重程度。故障的概率或可能性严重程度表可参见表 3.1"定性风险分析的典型概率或可能性等级表"。

4.8.3 关键性评估

关键性评估可以通过不同级别进行规划，包括整个设施、设施运营单位或设备级别。具体采取哪种级别的规划，取决于所需的细节水平。关键性评估应该由一个有能力、多学科的团队来进行，其中包括来自操作、维护、工程、检查和可靠性方面的代表。团队应对所评估的设备或系统有深入的经验和知识。

在最坏情况下，设备故障对业务影响的严重程度是根据关键性团队制定的预定参数来评定的。不同的严重性程度通常被结合起来，为特定设备的严重性评级加权。

4.8.4 设施关键性工作流程

图 4.9 中的关键性工作流程始于关键性评估团队的组建。为了在评估过程中能够平衡各

方情况和资源，该团队应是有经验、有能力的多学科团队。团队的首要任务是制定将要在关键性评估期间使用的评估参数。如前所述，因为运营条件和相关风险可能有所不同，构成业务影响和故障可能性的参数需要针对具体的设施来制订。即将进行审查的设备数量将在工作流程的第三步进行确定。

关键性评估团队将负责审查每个设备项目，并利用团队的知识背景和行业经验对设备进行严重等级的划分，得出一份设备关键性清单。对设施设备在严重性和故障可能性方面进行等级排序，这是向FIEM迈出的重要一步。在获得了设施设备的关键性排序后，就能够依照排序对检查、维护和运营策略进行合理规划了。

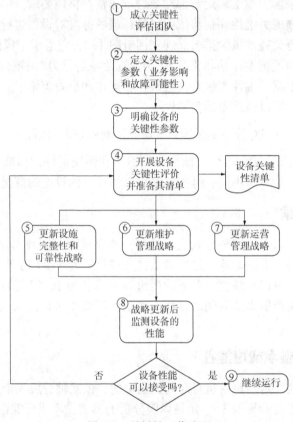

图4.9 关键性工作流程

4.9 关键性的应用

为什么要经过这么复杂的程序来划分关键性？

关键性是FIEM的基本组成部分。它使我们能够从重要性角度来看待设施，优先考虑资源，优化维护、运营和设施完整性和可靠性策略。以下是一些关键性的应用：

（1）工作优先顺序的确定。

（2）支出请求优先次序的决定。

（3）设备风险缓解策略的确定，例如，安装状态监测系统或对高等级关键性设备进行重新设计。

（4）设备备件持有策略的确定。

（5）FI&R 要求的责任划分。

（6）对资本投入进行的计划：如，优先对高关键性设备进行升级或更换。

（7）引导 FI&R 小组将工作重点放在关键性最高的设备上。

（8）对根本原因的故障分析进行优先排序。

关键性排名对设备的设施维护规划有直接影响。例如，高关键性排名将推动维护策略的指定，帮助保留关键备件、使预防性的维护计划得到应用。当故障发生时，也能有应急策略可供采用。

另一方面，对等级较低的关键性设备，可能只会采用纠正性的维护策略。这意味着从维护策略的角度来说，花费在低关键性等级设备上的资源非常有限。当此类设备无法正常运行时会被直接替换。

请注意，关键性是一个适用于设备当前状态的等级概念。随着设备的使用，设备的运行状态会不可避免地变差。这样一来，就需要根据对当前设备状况的评估对设备故障的可能性进行更新。因此随着状态数据的更新，设备的关键性等级排名也会发生变化。这就是为什么说关键性设施设备清单是一份"活的"文件，需要定期审查和更新。

在列出关键性设备清单后，就可以如图 4.10 所示的那样，在风险表格上标注设施设备了。图 4.10 的表格上可以看到很多设备编号，如 P120、P121、P122、P123、P124 和 P125，它们分别表示了设施内几个泵的关键性状态。从这个表格上，很容易就能分辨出这几个设备关键性的轻重缓急——虽然都是泵，但 P123、P124 和 P125 应该是重点照顾对象，因为它们的关键性等级较高。

正如在以风险控制为中心的企业文化一节中所讨论的那样，希望所有关键设备都能在生产现场被明确标注（未标识情况如图 4.11 所示，标识情况如图 4.12 所示），以提高员工的风险意识，增强基于风险管理的企业文化氛围。

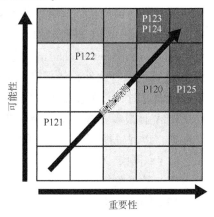

图 4.10　填充风险矩阵

图 4.11　未标识的关键泵

图 4.12　标识清楚的关键泵

4.10 根本原因分析

"故障是设施改善之母。"

明确导致设备性能不佳和故障的根本原因至关重要。通过解决经常出现故障的设备"惯犯"，可以大幅节省成本和资源。在没有真正了解根本原因的前提下，对性能不佳的设备进行调整可能会产生一些短期收益，但随着时间的推移，这些调整不仅会浪费不少时间和精力，甚至可能导致更严重的潜在问题。所以，只有了解了根本原因，才能采取适当的故障解决措施。

为了使 FIEM 模式能够在设施中得到持续，FI&R 战略必须落到实处，且能够与时俱进。作为一项战略活动，疏于对其实施将会导致设备性能和设施生产率的降低。所以，只有从根本上解决问题，故障才不会重复发生。通过关注问题的根源，故障率才会失去上升的可能。

在根本原因分析中，常见的问题，是在完成根本原因分析（Root Cause Analysis，简写为 RCA）并提出纠正措施或建议后缺少有效贯彻执行这些措施的行动。所以，所有 RCA 相关的行动都必须得到执行。这里还有另一个关键点，即在某些情况下，RCA 将导致设施发生变化。正如在第一章中所确定的，变更管理是 FIEM 的关键部分之一，任何变更都需要作为变更管理（Management of change，简写为 MOC）过程的一部分进行适当评估。在第 7 章中将对 MOC 进行回顾。此外，如果有类似的设备表现出相同的故障或性能降低，尤其是在对新设施进行设计时，整个设施组织需要就 RCA 的结果进行沟通，以便产生协同效应。

RCA 有很多方法可供选择，在实际应用时，应选取较为系统的操作，并专注于检查硬件证据，以保证能够找到真正的根本原因。典型的 RCA 过程应考虑以下关键组成部分：

（1）问题定义。

（2）数据收集。

（3）问题分析。

（4）因果图分析。

（5）根本原因识别。

（6）修正措施。

（7）报告的生成。

在进行 RCA 时，应组建一个合格的多学科小组，其中包括设施操作、工程和维护部门的代表。

RCA 具有立竿见影的效果，且可以从根本上永久性地排除设备故障。想象一下在处理重复故障时浪费了多少时间和金钱。RCA 概念是 FIEM 的关键驱动因素，应为此操作授权，以确保设施组织能够顺利解决设施中发生的所有故障。

RCA 是一项花费时间的操作，资源有限，无法对所有的故障都展开调查。有效地执行 RCA 需要管理层的重视和资源上的支持。这显然是一个制约我们向 FIEM 迈进的因素。毕竟故障调查所能够调用的时间和资源都是有限的。因此，在解决设备故障时，需要再次确定工作的优先次序，以保证能够在适当的水平上执行 RCA 并尽量反映设备故障的严重程度。

作为 FIEM 的一部分，RCA 主要有三种调查形式，均与预先确定的故障调查表格内容一致。表格是根据设施运行条件制订的，其中包括一个停运情况表以及一个统计故障成本和持续时间的表。这些标准规定了故障调查过程中的必要付出。

第一种 RCA 的调查形式是正式调查。这是处理重大故障的正式程序，可能需要长达 2 至 5 天，并需要设施管理团队的参与。

第二种是"迷你"RCA 调查。它是正式 RCA 的缩小版，不需要正式的团队结构；完成迷你 RCA 调查约需要 1 至 2 天。

第三种是"5 个为什么"故障调查。因为采取了较为快速便捷的设计，此种类的调查通常由一名机械技术员、一名维修代表和一名操作员进行，可在 30min 内完成。图 4.13 展示了一个"5 个为什么"调查报告的例子。

图 4.14 中的表格显示了如何在使用时对这三种类型的 RCA 调查形式进行选择。

通过对设备故障的处理进行优先排序，可以省时高效地对故障的根本原因进行分析，继而从根源上降低整个设施的故障率。

故障参考号：		失效日期：	
设施失效的简短描述：			
背景：			
证据：			
失效发生的可能原因：			勾选一个可能的原因
			☐
			☐
			☐
			☐
			☐
问为什么?最具有可能的5个（上面打钩的项目）			
为什么			
为什么			
为什么			
为什么			
为什么			
为什么			
跟进行动：			
需要反馈：	是 ☐	否 ☐	
审查人：			

图 4.13 "5 个为什么"故障调查报告

49

故障调查矩阵			
受影响的设施占比	修缮费用		
	<10%	10%~50%	50%~100%	>100%
	停机持续时间（h）		
	<5%	5%~24%	24%~48%	>48%
极大设施故障	Mini RCA	Mini RCA	Full RCA	Full RCA
重大设施故障	5 Why	Mini RCA	Mini RCA	Full RCA
中等设施故障	5 Why	5 Why	Mini RCA	Mini RCA
低等设施故障	5 Why	5 Why	5 Why	5 Why

图 4.14　故障调查矩阵

因果图是 RCA 调查中常用的一种工具。有时它也被称为鱼骨图。图 4.15 显示了一个泵轴密封泄漏的因果图的例子。图中的因果关系决定了图右侧的问题，即"结果"。图左侧则罗列了导致结果的潜在原因。这些原因可以分为以下几类：

（1）人员因素。

（2）材料因素。

（3）机械因素。

（4）方法因素。

这种结构的目的是帮助 RCA 团队以全面的思维方式建立完整的思维过程，并据此得出高质量的 RCA 报告。

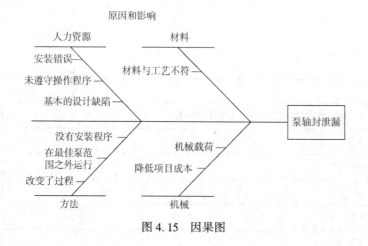

图 4.15　因果图

5 维 护 管 理

5.1 引　　言

维护指的是快速纠正由系统变化的自然规律造成的故障。维护管理(图 5.1)的最终目标有两个：第一，确保设施能够按预期和在需要时运行——换言之即最大限度地提高设备和系统的可用性；第二，确保维护资源得到优化。

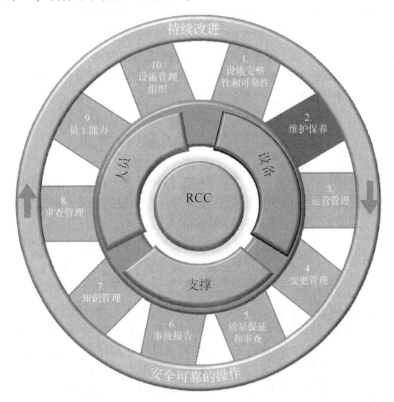

图 5.1 设施：维修保养

尽管从行业经验来说，有很多维护模式可供选择，但这些维护模式的相关成本和使用效果却大相径庭。为了能够有效地对设施维护进行管理，设施团队需要齐心协力，选择正确的维护策略并适当平衡资源部署。

定义不清且执行不良的维护策略在实现业务目标方面毫无帮助。"先故障再维修"的被动型维护策略将使整个设施的运营陷入"被动区"，出现大量重复性设备故障，生产被迫停止的比例随之上升，从而导致生产损失、维护成本增加。更糟的是，团队往往非常迷茫，不知道下一步该做什么。被动型维护策略不仅会使设施团队的运营和学习能力降低，管理效果不佳，而且还会在同时造成资金的大量浪费。更可怕的是，这样的策略极有可能造成极高的安全事故概率。

行业内有些不太妥当的普遍看法,许多公司将维护视为一种甩不掉的负担。持有这种看法的公司不可能与世界一流的维护实践接轨,也就没有机会体会到积极维护、主动进行设施完整性和可靠性(FI&R)管理,以及采用合理运营模式,如设施完整性卓越标准模式(FIEM)的好处。如果想要改变这种状况,首先要做的就是集中精力改变设施文化,向在第3章中讨论过的、以风险管理为中心的企业文化转变。事实上,维护部门不该只是个用来"擦屁股"的团队。通过与其他设施团队的平等合作,他们可以极大地促进整个设施的盈利能力。管理层要首先具备这样的意识,才能通过培训使维护团队在工作中秉持以风险控制为中心的企业文化理念,并应鼓励他们与其他设施团队密切合作。在贯彻这种全新的、积极的理念时,有必要对维护系统和流程进行升级。可以试着使用一些新兴的计算机维护管理系统,让维护团队能与其他设施团队更合理地对接。

设施设备和系统的完整性和可靠性在工厂整体性能中发挥着巨大的作用。在设施完整性卓越标准模型中,完整性、可靠性和维护的整合是非常重要的一个部分。作为这种以主动态度为主的模式的组成部分,维护、运营和FI&R团队之间应该建立更多、更紧密的关系。此外,由于设施维护、运营、完整性和可靠性等职能部门彼此都有相互联系,团队中的每个人都应该了解其他人的具体岗位角色、责任和工具。

5.2　维护方法和系统的演变

过去的50年,维护这一概念得到了显著的扩充和发展。毕竟,设施的运营人员也不再只是一帮商人了。在此之前,维护一词通常被认为具有负面的含义,因为它意味着对损坏设备的维修和关注,是需要花费金钱和资源的代名词。

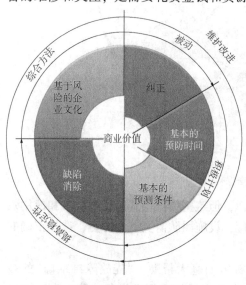

图 5.2　维护方法的演变

"维护"这一概念已经从人们熟悉的"坏了再修"的被动方式转变为主动的、以数据为导向的完整流程,其中包括由工程师和规划师来协调工作。图 5.2 展示了这些年中维护这一概念的演变。早期的维护主要是对设备故障的纠正性维护和最基本的设备保养程序[17],这就是"被动型"维护,这种方法效率极低、成本极高。

在那之后,人们逐渐认识到了计划性维护的好处,于是被动型维护转向了根据时间来进行的维护,即在规定的设备时间轴上对维护流程和干预活动进行计划。随着新技术和新工艺的发展,预测性的维护方法很快得到应用。而近年来,新的维护策略伴随着新维护理念和技术的出现而来,不断对维护方式进行优化。专注于解决设备和系统故障,或消除缺陷是维护发展的下一个重点。当今最重要的维护策略之一就是以可靠性为中心的维护(reliability centered maintenance,简写为 RCM),它是由 F. Stanley Nowlan 和 Howard F. Heap 在 1978 年提出的[18]。这一策略涵盖了维护思想和维护技术两个部分。RCM 最初是为航空业开发的，后来迅速被其他行业采用，包括其在内的很多新型维护策略为维护工具和技术活动的应用提供了结构化进程。

近年来，随着维护这一概念的演变，维护团队已经与运营团队、财务与风险团队一起成了一个综合性的团队。这是因为近年来大家的管理重点都在逐渐向通过以风险控制为中心的企业文化来识别和降低风险这个方向偏移。基于风险管理的方法等理念，包括以风险为基准的检查(RBI)和 RCM，都对这个方向很有帮助。将这些理念贯彻实施，可以帮助我们从积极的角度看待维护操作，将其视为利润中心，而不是昂贵的成本中心。一旦将维护作为利润中心就会发现，通过采取合适的维护策略，我们能够优先考虑最高风险领域的维护资源和活动，而此举可以节省大笔开支。设备的高性能和维护的低成本并不矛盾，只要用对了方法就能同时达成。事实上，良好的维护组织往往能够表现出与高性能设施和低成本维护相似的特征。

5.3　设施维护管理中的常见故障

在进入维护管理原则的理论和实际应用之前，让我们先花点时间来了解一些常见的维护管理问题和经常出现的故障。

（1）"救火模式"：尽管已经较为注重预防性和主动型维护，许多公司仍发现自己处于被动模式。处于这个模式将会面临持续的"灭火"战斗，即从处理一个设备故障到处理下一个故障，无限被动循环。在这种情况下，根本没有时间采取主动型的方式、分析解决故障的根本原因或对员工进行培训。大量的时间被这个自我重复的循环吸收。除了应对紧急情况，似乎没有时间做其他事情。除非有重大的干预措施，否则随着时间的推移，这种循环只会越来越糟。

（2）重复性设备故障：相同的设备项目反复出现故障，导致资源总是浪费在这些"惯犯"上。这是因为运营的重点只被放在生产上，当出现了故障时，也只顾尽快恢复生产，不愿意花时间去查询并解决故障的根本原因——但根本原因往往是一劳永逸解决故障的必经之路。

（3）有限的可执行资源：维护预算不足，可用资源太少，无法执行所需的维护工作。这种情况时常发生，因为当设备管理面临管理费用降低的压力时，通常首先削减的就是维护预算。

（4）设备运行记录不足：没有设备运行记录，或者只有零散的设备性能和维护记录。有很多种原因可能造成这种情况，其中包括维护和操作规程不健全、维护和操作人员培训不充分、系统和流程不足以支持维护计划等。只有具备了强大且详尽的设备性能和维护记录，才能够帮助我们完成高水准维护计划的制订和实施。

（5）筒仓型的运营、FI&R 和维护团队：维护团队与运营团队的工作毫无交集，运营团队与 FI&R 团队的互动有限，大家在工作中各自为政。对这种低效且无能的筒仓型工作模式我们已经非常熟悉了。

（6）不能充分利用预测性维护技术：维护团队的规程流程和操作仍然处于原始水平，接触预测性维护技术的计费较少。造成这个问题的主要原因之一是经费不足。持有旧观念的人们往往认为预测性维护是多余的，而且由于成本高，不值得考虑。但事实上，预测性维护可以带来巨大的好处。许多用于预测维护的工具和技术已经存在了几十年，到今天价格已经相对便宜。虽然应用预测技术相对昂贵，但可以通过适当地应用维护策略和有针对性地选择和部署这一技术来实现其利用的最大化。在合理应用预测性维护技术后你会发现，预测工具和技术对获得漂亮的成本/效益比率有很大帮助。

（7）只关注生产：设施管理的重点完全放在生产上，而其他设施功能团队，包括维护和FI&R，则被忽视和遭受排挤。

在设施维护管理中，一些常见的小故障可能会让我们感觉很熟悉。这些小故障有可能发展成为可识别和有形的大问题，例如：

（1）减产。

（2）士气低落。

（3）平均故障间隔时间（MTBF）较短。

（4）维护成本增高。

（5）备件库存和成本增加。

（6）产品质量降低。

（7）利润率低。

造成这其中许多项目的原因，是由于维护团队陷入了被动工作模式。我们时常能够听到这些设施团队抱怨没有时间进行整改或执行基于风险管理的主要维护策略（比如以可靠性为中心的维护策略）。确实，应用这些策略需要花费一些包括资金和政策的支持，但一旦规划并建立起来，它会很大程度提高设备维护的效率和有效性。这绝对会是个帮助节省时间，而不是占用时间的操作。如果设施经营者想要减少维护成本并释放资源，同时改善 MTBF 和 MTTR，采用正确的维护管理会是一个不可多得的重要手段。

5.4　维护管理理念

维护管理一般分为两大类：

（1）被动型维护。指发生故障后再进行检修和纠正性维护。被动型维护是行业中最早广泛应用的维修策略之一。被动型维护通常只针对已经发生的设备故障，是突发停机事故的主要应对方式。

（2）主动型维护。这种维护是在实际故障发生之前进行的。其目的是在成本增加之前，检测和纠正可能导致（旋转和静态）设备功能退化的问题。主动型维护通过改进工程设计、工艺、规划和调度，对设备产生积极影响，它可能是预防性或预测性维护。

① 预防性维护以时间间隔为主要依据，即维护活动按照预定维护计划执行。预防性维护任务可能包括检查、更换和维修任务，以确保设备保持正常运行且功能正常。

② 预测性维护是一种系统的维护方法，用于确定设备是否即将发生故障，继而对是否需要更换或维修进行评估。这样做可以避免相对成本更高的计划外（被动型）维护。预测维修活动可以帮助防止高成本的重大维修或计划外停机事故的发生，但需要使用许多诊断、监测工具和测量系统。

有时，对某些设备也可选择任其运行直到损坏。尽管听起来很奇怪，但这是一种行业普遍接受的策略，采用的原因通常是经济因素。这种策略被称为"运行直至损坏"（RTF），在

RBM 流程中非常常见，因为 RBM 的重点是对维护资源(如 RCM)进行优先级排序。

图 5.3 展示了维护策略的分类。

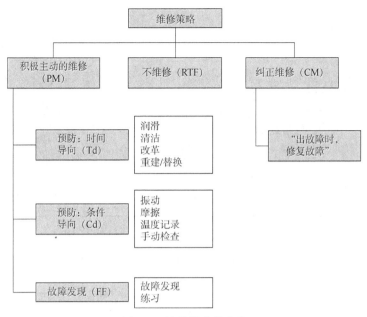

图 5.3　维护策略的分类

5.4.1　维护时间

通常会将维护时间分解为几个部分来理解。图 5.4 能帮助解释维护时间的典型组成。通过这个图可以看出，执行主要维修任务的实际时间可能只占到减产总时间的一部分——减产总时间可能由许多修复事件所花费的时间组成。

在故障起始点(图 4.3)，可以选择让这个设备以较低的输出来工作。这么做主要是为了减轻故障设备的负载和压力，避免灾难性事故的发生。在为设备订购维修备件的这段时间内，可能会面临供应链延迟的情况，包括供应链管理不善、物流时间延长以及采购手续拖沓等。设备备件到货以后，还需要准备进行维修或更换工作。在这个过程中，还可能遇到维护延迟的情况，包括管理手续花费的时间以及与调动维护资源相关操作需要的时间。

而在这一切操作完成之前，设备处于脱机状态，相关生产停止，直到所有维护任务完成。在这之后，还需要时间进行很多其他流程，才能让设备运行恢复正常。例如，需要提供访问权限，包括准备所需的文书文件、工作计划和风险评估；此外还要申请复工许可，通过进行电气和机械隔离证明设备和厂区可以安全运作等——所有这些，都使复工时间一拖再拖。

在这一切工作完成以后，维护团队才能到现场对故障进行详细诊断，并收集必要的证据，确定故障的根本原因。该团队还可以进行必要的维修或更换工作，恢复设备生产。当然，他们的工作可能还包括设备校准和质量检查，以确保设备已修复或升级到了符合 FIEM 标准的高质量水平。在这些工作完成之后，需要将由维修主管签字的维护记录和工作单留档，然后将设备移交给操作团队进行通电和测试。在设备测试通过之后，设施的生产能力会得到相应提高。

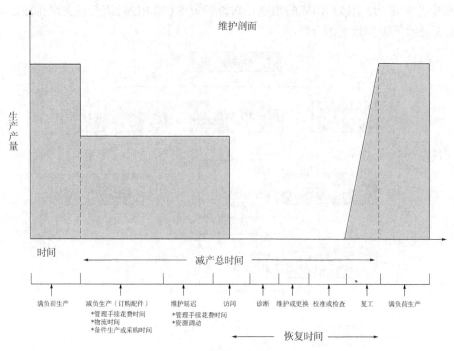

图 5.4　维护维修时间

这个过程中有一个关键点，即当设备发生故障，需要以计划外的方式进行维修、甚至是在有计划地进行维修时，需要对许多潜在的因素和计划外的延期项目进行考虑。所以，当涉及对维护维修时间的计划时，需要确切地知道这些潜在因素或计划外的延期项目可能是什么，以便能够更有效地缩短 MTTR，使正常运行时间延长。

5.4.2　纠正型(被动型)维护

纠正型维护(Corrective Maintenance，简写为 CM)指在设备故障后才进行的更换或维修。这种维护针对设备故障而产生，其任务是确定(可能来自设备部件或设备项目的)故障，并对其进行纠正，以便恢复设备运行和设施生产。在实施这种维护时，应对 CM 任务进行优先排序，以便首先解决可能与安全有关或影响生产的高优先级任务。

CM 通常成本较低，大多数情况下，这种维护方式允许在使用较少的资源和基础维护设施(包括工具、技术和专业知识)的情况下执行。然而这种方式也往往意味着效率低下。从长远来看，这种维护方式可能非常昂贵，因为故障通常导致灾难性事件，而灾难性事件会带来更多需要修复的损害。从这个角度来看，它的 MTTR 反而更长。同时对于设备故障的根本原因，CM 也毫无帮助，因此它的 MTBF 会比主动维护低得多。换句话说，在使用这种方式进行维护时，会发现有很多故障是重复发生的。

5.4.3　主动型维护

主动型维护以设备的关键性作为基础。关键性是成功维修策略的同义词，它使有价值的维修资源得到有效和合理的分配。在对主动型维护进行应用时，可以对维护活动的深度和强度进行控制。同时，该类维护可以为设备的工作优先级提供指导信息。它与维修技术、技术的订制和优化相关，可以满足每个设备或系统的要求。因为会涉及设施的各个方面，主动型维护要求所有设施团队协调一致，因而能够促进不同设施职能团队之间的合作。

主动型维护可以进一步分为预防性维护［即基于时间或"以时间为导向（Time Directed，简写为Td）"的维护］和预测性维护［即以状态为导向（Condition Directed，简写为Cd）的维护］两类。这样可以有效地利用资源，并使设施管理团队集中精力采用解决问题的思维方式，特别是在防止重复出现的设备故障方面。

在某些情况下，主动型维护会允许设备一直运行，直到故障。这种做法大多出于对设施设备经济性的考虑。"运行直至故障（RTF）"是在严格控制的情况下执行的，特别是在实现以可靠性为中心的维护（RCM）流程时。

5.4.4　预防型维护

预防型维护（Preventive Maintenance，简写为PM）策略是历史最为悠久的主要维护策略之一，至今它仍是一项非常有效的策略。它也被称为以时间为导向的维护，包括两种类型的维护活动：非干预式活动，包括设备的监测和检查；以及干预式活动，包括修理或更换。

非干预式活动与监测、检查活动相关，比如维修周期。维修周期是设施特定区域中的预定义路线，在这条路线上设有经过明确定义的、需要监控或检查的设备项目和系统数量。维护团队的工作是在每轮巡查内完成他们的工作，评估每一项设备的性能，检查是否有设备老化的迹象或运行异常。在巡查结束后，应留下设备状况以及其他数据的书面记录，以便在生产会议和维修班次交接会议期间进行研究和讨论。

非干预式活动还可能包括根据政府法规进行的定期检查，包括对起重机等起重设备以及安全阀等压力设备进行的常规检测。

干预式维护活动是以时间为导向的活动，可能包括设备的维修、更换或介入式维护。干预式设备维修通常在设备关闭状态下进行，有时可能还需要对设备进行拆卸。此类维修是检查早期故障迹象的好时机。如果在此类设备维修过程中发现潜在故障，可以立即进行处理。

有时，当因为设备正在运行而无法维修或更换时，可以通过提前计划的方式对维护进行规划。例如，可以将一些预防型维护任务组合在一起，在预先计划的设施关闭时段内统一进行维护。预防型维护计划使工厂可以这种方式对生产停工进行安排，利用停工周期进行设备的维修、检查和维护。

预防型维护计划的实施需要一些先决条件，包括流程上的和系统上的。这些先决条件有：

（1）维护管理系统，用于计划和安排主要维护工作。

（2）明确维护团队之间的规章制度，保证维护工作顺利完成并合理交接。

（3）保存有设备故障和维修历史的书面记录。

（4）了解设备故障历史和反馈回路，对PM任务频率进行调整。

一个完善的、运行良好的预防型维护策略可以在很大程度上有效地防止设备故障的发生。它可以为设备维修提供有计划、有顺序的指导。但预防型维护计划可能会在资源利用方面造成浪费，因此从长远来看其成本昂贵的。

5.4.5　预测型维护

预测型维护是一种非常强大的维护策略。它包括对设备内运行异常的迹象进行监控。此类维护会对异常的程度和正常操作的变化率进行跟踪，用于预测故障可能发生的时间。如前所述，预测性维护也称为以条件为导向的维护(Cd)。预测型维护建立在一个重要的概念之上，即每个设备项目都遵循一个故障周期，正如之前在图 4.3 中所介绍的那样。

预测型维护的重点是在 P—F 区间内尽早发现故障。检测到故障的时间越早，决定如何管理设备和平衡继续运行要求的时间就越长。

有许多 Cd 工具和技术可供 FI&R 和维护团队使用。这些工具和技术都侧重于检测设备异常，并测量异常的变化率。

关注设备的异常是为了能够预测设备的未来性能，并对下一步行动做出更加明智的判断。通过预测型维护常可得到基于设备关键性、相对于运行范围(Operating Envelope，简写为 OE)的异常退化和预测的趋势分析。

因为预测型维护技术允许在线监测设备状况，它也可以与设施运行团队的工作联合起来。但因为这种技术成本较高，在应用时，需要慎重选择。近年来，在线监测技术有了新的进展，出现了很多新的较低成本的技术，如无线技术就降低了安装硬设线传感器的成本。此外，还有可以通过网络在线浏览设备状态数据、并将设备异常通过电子邮件或短信对操作人员或维护团队进行通知的警报系统。下一小节中会提到一些较为实用的 Cd 技术。

5.4.5.1　振动监测

振动监测是设施设备健康状况的优质信息来源。它是设施中所有预测型维护状态监测工作的核心要素。通常情况下，预测性维护团队会配有一名振动监测技术员。其主要工作是在设施中按照预先确定的维护路线中使用电子手持设备记录振动读数。这个预定的维修路线上应标有专属标记(例如标在泵轴承壳体的 X 轴和 Y 轴上)，通过这些标记，技术员能够完成手持式设备的精准放置，以达到合理准确测量设备振动的目的。在完成测量后，数据将被保存在手持设备上进行趋势分析。会有一系列软件对振动数据进行诊断，一旦确认该数据超过了运行范围，就会启动警报。目前有许多不同的振动监测技术，精度和特征数量越高，价格越高。

这些数据对于识别初期设备故障非常有用，让人对安全生产更有信心。同时，这些数据还可以用来检测设备维护的质量。

5.4.5.2　热测量技术

有许多热测量技术可用于设备状态监测。

(1)热成像技术：常用于测量物体发出的热(红外)能量。红外线的能量与可见光相似，但肉眼无法看到。通过使用热像仪和软件，可以使用热成像技术获得大量的设备状态数据。

热成像技术是一种非常有用的工具，适用于各种静态和旋转设备的状态监测，包括检查和识别电气设备、设施耐火材料、加热器、电动机和旋转设备等方面的问题。

(2)热点测量：通过特定传感器测量设备表面温度的技术。将专用的温度传感器或热电偶有选择地固定在设备的关键点，如泵或电动机轴承上。传感器将直接测量设备表面的温度。这些被传感器采集到的数据将被集成到一个在线状态监测系统中，并进行趋势分析。也可以使用温度手持设备或手持高温计来测量从设备表面发出的红外辐射。但这种操作只能在现场对读数完成读取。

5.4.5.3　设备用油分析

在设施设备上使用劣质或污染的油类和液压油，将会使磨损加速、能源成本增加，甚至导致设备使用年限缩短。

油品的润滑有效性可以通过分析油的降解程度以及油中水和碎屑的含量来确定。这是一项重要的状态监测技术，可以主动对可能发生的设备故障进行提示，最终提高设备的可靠性。

设备用油分析的状态监测程序是指从设施设备中提取油品样本，并对其油品状况进行测试。这些样品的指标，例如水和碎屑含量，将与一套油品性能范围指标进行比较。在这之后FI&R团队将对每个样品进行评估，以确定是否超过油品性能限制的情况。检测结果将与纠正措施一起公布在油品分析报告中，并上报给FI&R、维护和运营团队。

5.4.5.4 在线状态监测

在线状态监测系统可用于测量大多数装有传感器的设备的状态参数。这些参数包括压力、振动、温度和油的状况等。传感器安装在设施设备的固定位置上，用于在线测量。其输出通常会转换为4~20mA信号，发送至现有的设施控制系统当中。

将状态监测方法与设备性能和老化情况相结合，然后进行交叉参考，是非常有效的。结合状态监测技术往往可以提供更好、更可靠的设备状态指示。

5.4.6 状态监测系统的应用

状态监测系统的成效与安装和维护成本之间存在一种平衡。从结果上来说，状态监测系统的收益大于成本，因为它会缩小FI&R和维护工作的范围，使FI&R和维护资源得以释放。此外，状态监测系统可以为设备性能和故障发生的准确监测提供保证。

应用状态监测系统的评估应该由有能力、有经验的设施操作人员进行。因为他们往往对有监测需求的RBI或RCM评估持有更全面深刻的理解。

在选择状态监测设备时，必须确定已选择的设备和仪器能够满足监测目的的需要。只有这样，监测设备才能够准确可靠地监测到故障或老化，给出故障发展到超过完整性范围极限所需要的预估时间。

一旦有关设备的运行性能接近状态监测系统中设定的完整性数据极限，就会触发警报。警报的目的是向FI&R和维护小组强调设备状态已达到警戒状态，需要采取适当的行动并进行补救。补救措施包括能够消除故障原因的各种操作，如调整操作过程控制、设备修理或更换等。

要想使状态监测系统取得最佳效果，必须投入时间和精力来监测关键设备的故障及老化表现，并对监测数据进行研究和解读。对数据进行的趋势分析应以时间为基准，这样可以更准确地评估设备性能。同时，应及时观察设备老化率，以便采取适当的措施。

当老化率增加时，应由合格的FI&R和维修工程师、操作员及检查员对设备进行评估。通常在评估时会彻底检查设备在设施中的位置，以确定老化的程度。然后将进行根本原因分析、迷你根本原因分析或"5个为什么"调查。最后，由FI&R、维护和运营团队共同制订一份解决方案，指导下一步行动的方向。

5.4.7 状态监测方案的制订

在制订状态监测系统的策略时，需要仔细考虑以下几个原因。首先，一开始就需要大量前期资本进行投资。除了硬件投资外，对该系统的投资还包括监测设备维护、团队运营的维持费用。另外，还需要聘请相关专家(SME)对收集到的状态监测数据进行分析和解读，这也是一笔需要规划的费用。

状态监测策略通常由基于风险管理方法的输出所驱动，这些管理方法包括基于风险的检查(RBI)或以可靠性为中心的维护(RCM)等。正如第4章中讨论的，基于风险管理的方法植根于对设备故障模式的理解，而这些模式需要被识别和评估。除RBM外，状态监测策略还要求对设施设备进行关键性评估。对于如何确定高度优先的关键设备，并使用适当的措施对其性能进行监测来说，这是很重要的一点。在状态监测技术来说，这一点进一步证明了资本支出的合理性。

如图5.5所示，可以看到状态监测策略的工作流程。首先，需要根据设备的关键性和RBM评估，为有关的设备项目或系统制订一个合适的状态监测方案。该方案的驱动参数是所识别故障参数的发展趋势，这种趋势本身即代表着需要受到监控。随着故障的发展，参数最终会因为超过完整性范围限制的极限而触发干预，如维护活动。一旦为设施设备建立了状态监测方案，就必须按照工作流程的第二步中的指示设置运行范围。运行范围(OE)实际上是设施设备和系统能够在其中安全有效运行的范围限制(详见第6章)。如果设备超过预定义的运行范围，FI&R和维护团队将接收到触发通知，要求他们采取适当的措施。因此，为设施FI&R状态监测技术人员开发状态监测路线或将新的监测活动纳入现有的状态监测路线是很重要的。为了确保状态监测计划的可操作性和可持续性，对状态监测资源进行审查是必不可少的。状态监测团队应该经过充分的培训和经验累积，才能以正确的方式收集正确的数据。由于数据收集错误可能导致数据结果被虚假数据"污染"，状态监测数据必须做到"干净"，即收集到的数据必须都是真正有效的数据。

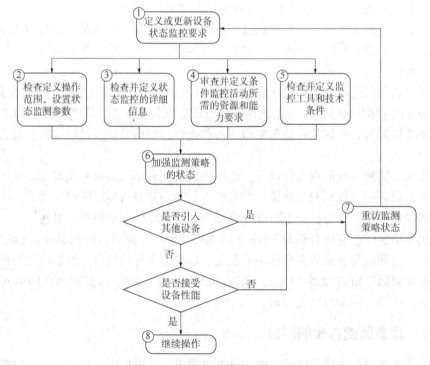

图5.5 状态监测策略工作流程

5.4.8 维护待办事项管理

维护待办事项指的是已计划但尚未计划执行的维护活动。它可以被定义为：完成授权维修任务总数所需的预估维修工时数除以可用于执行维修任务的人力。其时间通常不包括非生产性时间，如假期和员工病假等。维护待办事项可以用×人/×日或×人/×周表示，并且可以对每个维护团队或技术团队进行跟踪。良好的待办目标时长应控制在 2~6 周之间；对待办任务的数量应有合理安排，以便在实际安排执行工作之前有时间进行适当的任务规划。

通常情况下，生成维护待办报告是为了了解和响应对维护资源约束的利用或帮助对维护团队规模的优化，同时确定加班时间以及评估第三方承包商的维护效果。

5.4.9 备件管理

管理和控制备件材料，以支持维护工作是所有维护系统的重要组成部分。备件的成本往往很高，消耗了维修预算的很大一部分。

维护备件管理的难点是如何在设施所需的最少备件数量与备件的成本之间取得平衡。如果为设施中的每一个设备项目都提供备件，成本和业务就直接瘫痪了。

维护团队必须持有足够的备件，以便在设备发生故障时将维修或更换时间保持在最低限度，并最大限度地减少设施停机。设备备件的质量和可用性有助于提高设备满足生产需求的能力，并有助于优化设备检修成本。在资本成本和维护备件成本方面，应将备件库存保持在最低水平，以降低备件的总成本。

我们的目标是优化维护成本，同时最大限度地降低安全和环境风险以及因备件不可用而长时间停机的可能性。可以通过将关键性概念与维护备件保持一致来实现这个目标。维修备件对关键性排序有影响，特别是对旋转设备的关键性排序，因为备件的交付周期可能很长。

设备维修备件持有量的分类方法有很多。为了更清晰地进行说明，将分类方法分成高、中、低三个级别的排名：

（1）高级别要求在设备故障后 2h 内提供维修备件。

（2）中级别需要在设备故障后 8h 内提供维修备件；这些备件可能包括设备大修所需要的关键备件。

（3）低级别需要设备备件或维修件在 5 天内到位。

一般情况下，只要维护和备件持有程序符合设施所需的数量要求以及可用性要求，维护备件和材料可以保存在设施外，由供应商或分销商提供。

维修备件需要妥善保存。根据备件的性质，必须将其储存在安全和受控的环境中，使其不会因处理不当、腐蚀、阳光和湿度等的影响而受损。

5.4.10 备件互换性

在对备件进行规划时，尽可能使维护备件标准化是常见的做法。这么做的好处是可以将库存备件的数量降到最低，从而降低总体成本。但要注意，在进行备件标准化时，需要与设备的关键性进行平衡。有存放备件的设施设备，应填写和保存备件互换性登记。该记录应包含与每个设备项目有关的备件的信息，包括备件供应商的编号、备件成本、施工材料等详细信息。这些信息应合理保存，并上传到中央维修数据库。备件互换性登记应准确详细地说明常见的备件持有情况。有些备件，如消耗品备件，包括垫圈和螺栓等，可能是在设施内广泛适用的。存有记录对使用和查询这些备件的操作有很大的帮助。

周转缓慢的库存维护备件需要受到关注。一般情况下，如果设备备件在库存内的时间超过3年，应按优先次序对这些备件进行审查，并考虑是否保留。尽管本来能在维修中起到作用，但周转缓慢的维护备件往往会在漫长的库存时间中失效，因此需要仔细审查，确保备件质量。此外，库存时间过长也可能导致备件因为设备更换而无处可用。这是优化备件持有要注意的另一个重点。

5.4.11　维护管理系统

维护管理系统(Maintenance Management System，简写为MMS)是指用于安排维护、检查或测试活动的系统。它是所有维护功能的关键要素。维护管理系统提供了一个平台，通过系统地管理设施维护任务的执行和完成，使设施能够达到运营、财务、监管和安全目标。

MMS是设施设备安全、有效管理的主要构建模块之一，应被视为一个有价值的中央设施进程。除了安排维护任务外，MMS还可以有效地管理许多其他组件，包括资源管理、生产计划、时间表、任务计划、成本、备件、设备维护和故障历史记录等。但其主要功能仍应侧重于确保设施设备和系统具有良好的维护状态和功能。

MMS应与包括FI&R和运营在内的其他设施职能集成。各项职能之间有明显的重叠，例如运营和FI&R检查可以通过MMS进行安排。MMS中采集的设备历史和性能数据必须由FIEM的核心职能部门(包括FI&R和运营部门)共享、审查并执行。

以下是需要达成的MMS输出目标：

(1)确保合理使用所有设施设备，且所有设备处于良好的工作状态中。

(2)减少平均故障间隔时间。

(3)减少平均修复时间。

(4)降低重大/未遂事故发生率。

(5)使维护人员技能/工作经验有所增长。

要达到这些目标，MMS必须成功整合。

5.4.12　计算机维护管理系统

强大而可靠的维护工作任务系统是一个有效的维修管理系统的基本组成部分。在设施中，正确规划和安排维护活动的主要体现是对维护任务的规划和安排。为了有效地管理大量的维护工作，通常需要使用计算机化的维护和材料管理系统或CMMS。CMMS是一系列集成的软件。它允许对工作任务进行方便、自动的管理，并为工作任务相关的支持和供应活动提供协助。实际上，CMMS就是一个存储和管理大量有效数据的数据库，其数据包括设备详细信息、设备历史、备件、维护资源、材料以及成本等。

CMMS还具备一些常用的其他功能，例如可以为维护工作、资源负载准备成本估算的分析工具，或者管理设施中的备件和库存等。简化设施维护工作的管理是CMMS的主要作用之一。

典型CMMS的主要组成部分如下：

(1)对维护任务进行管理。

（2）有效规划和安排维护任务。

（3）对维护待办事项进行管理。

（4）设备的注册登记表，包括关键性清单的保存和呈现。

（5）管理维修备件和材料工具记录的保存和呈现。

（6）维护和设备性能历史记录的保存和呈现。

（7）维护成本控制和分析（与财务会计数据结合）。

（8）生成维护报告（具有用户定义型报告的灵活性）。

CMMS 必须易于使用，并且遵循不妨碍维护管理的基本原则。用户界面应该对用户友好，具有清晰的数据输入入口并能提供有效的报告。此外，为了帮助 FI&R 团队执行根本原因分析、对故障频率和停机时间进行评估，以便预测趋势并采取适当的措施，系统应该能够跟踪设备故障历史、停机时间和有效的设备可用性。

5.5 设备维护和操作计划

设备维护和运营计划（Equipment Maintenance and Operating Plan，简写为 EMOP）是用于定义操作和维护策略的 FIEM 的主要过程之一。它将设施完整性管理的三个基本要素联系在一起：FI&R，运营和维护以及以风险控制为中心的企业文化。EMOP 能够提供设施设备的基本信息，例如每个设备或系统运行参数的运行范围。

与许多 FIEM 原则和流程一样，EMOP 是在风险评估的基础上发展起来的。它的主要作用是识别设备故障模式并评估故障风险，开发相应的缓解措施，以减少风险并预防或管理已发生的故障。在其评估完成后，将由操作员、检查员或维护技术人员针对评估执行缓解措施，并将所有活动记录在 EMOP 上。

EMOP 的开发由运营和维护团队共同完成。

5.5.1 EMOP 和设施运营

EMOP 会为设施运营人员指定任务。这些任务的主要目的是保证设施设备的可用性，即防止设备故障。它们的优先级与关键性评估确定的设备和系统的优先级保持一致。任务的内容应尽量简洁明了，保证不存在歧义和潜在的错误。

EMOP 成功为运营团队提供了一份有效的蓝图，其中包括用以检查设施设备是否有效运行的、与其他团队一致的检查标准，能够帮助尽早发现设备异常。

EMOP 还根据实际的设施设备运行条件为运营人员提供了明确的培训课程大纲。无论是对新晋运营人员，还是对现有运营人员进行培训，这个大纲都非常有效。同时，它也为审计和持续改进提供了文件记录。

5.5.2 EMOP 和设施维护

就维护团队而言，EMOP 相关的操作具有通用性，因为 EMOP 为检查、维护以及运营提供了一致的标准。不仅如此，它还为维护团队的特定维护任务培训提供了基础。EMOP 能够确保维护工作按照最低质量标准执行，并且有持续改进和查证的基础。EMOP 包含设施设备的详细维护程序，作为维护策略的输出，5.7 节中将对其进行讨论。

5.5.3 EMOP 的结构

典型的设备维护和运行计划包括以下关键信息。

(1) 设备关键性。

(2) 设备信息：制造商，制造日期，建筑材料等。

(3) 运营信息：运营战略，运行范围等。

(4) 维护信息：润滑相关细节，过滤器详细信息，故障历史，备件详细信息等。

(5) 设备维护计划。

(6) 设备运行计划。

5.5.4 设备维护操作卡

FIEM 使设备维护和操作计划更进一步，并将关键信息总结在一张卡片上。这张卡片就是"设备维护操作卡"。所有中-高关键性等级的设施设备都应配有该卡，并将其放置于设备旁边的防雨框架中进行展示。

设备维护操作卡（Equipment Maintenance and Operating Card，简写为 EMOC）的示例如图5.6 所示。该卡包含的信息对于在现场进行快速访问有用且重要。同时，通过这张卡片应该能够迅速了解到该设备的关键性等级。为了能够使人迅速了解到设备的关键性等级，可以采取多种方法，如使用颜色编码：高关键性设备的 EMOC 标有红色边框；中等级标有橙色边框等。此外，卡上也可直接注明关键性排名。在卡上标注关键性等级非常重要，因为这样做可以让所有设施人员立即将关键设备与非关键设备区分开来。

设备维护操作卡显示了关键设备的关键流程变化。这些变化包括设备和设施流程性能的特定操作参数，例如压力、温度、振动和流速等。每个参数的运行范围应作为正常运行范围进行标出。运行范围是一个很重要的指标，通过运行范围，可以将设备的实际运行数据与运行范围进行比较，从而很容易地了解到设备的性能是否出现变化或有所下降。

设备维护操作卡还包括必须进行的关键检查和监测活动的摘要。这些检查和检测活动是运营维护工作的组成部分。通过操作卡，所有现场设施工作人员都能够直观地了解到这些活动，继而"参与"并评价监测工作本身。如果发现设备有异常，也能及时向运营或维修团队报告。

作为一个直观的指示，设备维护操作卡可以帮助提高现场设施人员的风险意识，使维护技术人员、工程师、设施管理人员等都能对设备关键性等级和故障风险有所意识，从而有助于形成以风险控制为中心的企业文化。

5.5.5 巡查路线

对设施设备和系统的定期监控，通常以天或班次为时间间隔来进行。工作人员在设施设备和系统周围行走并进行的维护活动通常被称为"巡查"。因为巡查需要完成固定的路线，因此也常被称为"巡查路线"。在设计巡查路线时，必须保证沿途能够照顾到设施中一系列需要监控的重要设备。巡查由所有设施团队，包括运营、维护和 FI&R 共同执行。所有团队的监测都出于一个共同的目的，但出发点和详细程度各不相同。

设施运营人员和维护技术人员需监测并报告设施是否有异常，以便采取适当的行动。发现的异常可以简单地记录在剪贴板上，用检查表来进行记录（图 5.6）。

设备维护操作卡			

循环泵			
设备编号	P123		
生产厂家		型号	
序列号		临界等级	
驱动程序详细信息		电力供应	
责任			

建造材料	铸造表面	叶轮	轴
	蜗形机壳	密封盖	轴套

过程变量	设计	正常操作范围	
		最低值	最高值
泵转速/（r/min）			
吸入压力/MPa			
排放压力/MPa			
润滑油温度/℃			
流量/（m³/h）			
轴承振动水平/（mm/s）			

润滑规范	
润滑油滤清器类型	
关键备件控制	

中心控制板的细节	

导致故障的原因	操作与检查维护
润滑	注油器没有漏
	油况良好（颜色清晰，无杂物）
	油温不是很高（可触摸）
驱动器密封	密封冲洗温度不是很高（可触摸）
	密封冲洗流量正常（流量计为正）
	密封处/管子/垫圈/连接处都没有泄漏
轴承	轴承室温度不是很高（可触摸）
	轴承室没有过度振动
驱动器（电动机）	电动机温度不是很高（可触摸）
	电动机肋片上有气流通过（能感受到气流的存在）
泵的效率	无弹出声/研磨声（潜在空化）
	无异常噪声
	确保所有阀门在正确的位置
一般情况	仪表：更换任何有损坏/不精确的仪表
	保护装置：检查密封和联轴器保护装置是否到位和牢固
	清洁台板：清除杂物和积油
	控制室：检查区域是否整洁
	标签：确保所有系统设备的标签正确
	通风口/排水口：确保所有的连接在必要时能被塞住

图 5.6　设备维护和操作卡

根据经验发现，记录于纸张上的监测数据总是会被归档到办公室角落的某个满是灰尘的柜子里，很少有人对这些数据进行审查和传达。设施中使用的任何异常管理系统都必须能够高效、有效地为运营和维护团队提供服务，以便及时记录和处理设备异常。6.6节中将回顾FIEM单元监控原理。

很多设施完整性团队都在向电子数据记录方式转移。越来越多的电子数据记录设备，如电子剪贴板等，被用于记录和管理维护数据、运营数据和完整性设施数据。近年来，手持式数字设备的使用也在大幅增加，最为关键的原因之一是该类设备成本的大幅下降。

这些手持设备能够以电子格式记录设备数据，然后数据可随设备带回维护或运营控制室，并下载到软件中。虽然这类设备在使用成本上远高于使用纸夹等传统方法，但也有明显的好处。无论如何，不要让技术偏离管理重点，即设施完整性管理的基本原则。

对于达成FIEM这一目标来说，使维护巡查的质量和内容得到持续不断地加强是必不可少的一步。这个操作可以提高整个设施的可靠性，从而降低维护成本并提高安全和环境性能。监测巡查由三个设施团队共同进行：维护、运营和FI&R。正如以下小节所述，应对这三者之间的差别有所了解。

5.5.5.1 维护巡查路线

维护技术人员在设施的特定区域进行巡查，往往遵循预先规定的路线。这一路线通常会照顾到该区域内的所有设备。

巡查通常每天进行一次，这是为了在最短的时间内对最多的设备进行检查；这样一次巡查需要约30min，具体时间取决于许多因素。根据具体情况，也可能会每周一次巡查，周巡查的检查更加细致，通常需要半天左右才能完成。旋转设备是维护巡查的重点。这是因为维护技术人员往往在掌握旋转设备和机器内部工作原理上的知识经验较为丰富，能够很快发现健康设备和不良设备之间的区别。

有时还会设置额外的维护巡查，尤其是针对性能比较差的设备。这些订制的额外巡查也可以酌情加入固定巡查中，成为固定巡查的一部分。

每天都有大量的信息通过维护巡查记录下来。这些信息可以通过多种方式进行记录，包括数字检查表和手持式电子设备等。

5.5.5.2 维护巡查检查表

在进行维护巡查时，维护巡查检查表是一个很好的辅助工具。维护巡查期间要执行的基本维护检查都可以在这张检查表上列明。因此检查表是检查所有主要检查项目是否都已完成的指向标。尤其对于新晋的维护团队成员来说，检查表的存在，可以帮助他们更加快捷方便地完成所有巡查工作。检查表也是一份"活的"文件，应定期对其进行审查和改进，或在对设施进行更改时加以修正。图5.7是一个检查表的示例。

5.5.5.3 运营人员巡查

与维护监督巡视相比，运营人员巡查的重点不同，他们的重点是确保设施的有效运行。与此同时，和维护巡查相同，运营人员也要对设施设备进行检查，以查看设备运行过程中是否存在潜在的故障。运营团队的巡查通常会照顾到其负责区域内的所有设备。

在巡查过程当中，运营人员收集得到的信息将被记录在检查表上。如有发现任何异常，运营人员应在返回设施控制中心后立刻上报。

安全可靠的操作
全面维护检查表
对设备故障零容忍　　　　报告任何设备偏差

对所有工厂设施的一般检查
仪表：更换任何有损坏/不精确的仪表
保护装置：检查密封和联轴器保护装置是否到位和牢固
清洁台板：清除杂物和积油
控制室：检查区域是否整洁
标签：确保所有系统设备的标签正确
保温套：合适地检查所有保温套是否有松动且状态良好
安全阀和其他安全泄放装置不堵塞
紧固件是否拧紧，导线是否牢固且排列有序

电动机的检查
听不正常的噪声
检查相邻结构部件或被驱动机器是否有剧烈振动
听一下风扇/被风扇尾翼卡住的碎片的摩擦声
感觉气流通过电动机肋片表面或通过导管
感受空气在防护罩中的流动（也会显示正确的旋转）
清理防护罩区域的所有碎片和污垢
检查防护罩是否固定在电动机上
检查电动机轴承是否高振动和高温
检查电动机/轴承是否冒烟

泵/真空泵检查
检查外壳是否有可见泄漏
听轴承的高或异常噪声
手动检查泵/齿轮箱/涡轮/电动机轴承的高振动和温度
注意泵壳上的气蚀、爆裂或研磨现象
检查外壳、轴承座、电动机和绝缘层是否冒烟
查看放电压力是否有分散或异常读数
检查注油器瓶的水平和质量
检查周围密封是否有变色

容器/反应器/驱动器检查
外表面无腐蚀，喷漆质量好
主要的法兰和螺柱螺栓无腐蚀
主要的隔离阀没有腐蚀、泄漏和松动
环顾四周，检查是否有渗漏和异常，检查是否有液体过多和漏油现象
环顾四周，检查是否有明显的钢结构和管道的过度移动或振动
听是否有异常噪声（包括变速箱）
隔离液是否是干净的，没有碎屑
检查传动带是否有振动（拍动）和刺耳声，传动带没有滑脱

离心机检查
管道、软管、膨胀接头和钢瓶没有腐蚀、泄漏和断裂
液压系统的压力和温度在允许范围内

图 5.7　检查表示例

5.5.5.4 状态监督巡查

状态监督巡查由 FI&R 团队进行，主要侧重于关键设备的检查。这种巡查大都非常详细，每巡查一次可能需要一天的时间。具体时间取决于关键设备的数量和区域的细节。一般情况下，状态监督巡查每月进行一次。

更多时候，信息会被直接记录在手持设备上。因为巡查结束后有大量收集到的数据需要上传进计算机系统。在上传后将会对这些数据进行分析，并根据需要生成报告。

5.6 维护工作流程

维护计划和调度工作流程如图 5.8 所示。工作流程概述了在设施中计划、调度和执行维护工作任务时所涉及的主要步骤。

维护团队通常会使用非常详细的工作流程来定义、规划和执行工作中的所有事件并制订任务的优先级，图 5.8 展示了最基本的工作流程。为了记录维护工作的具体细节，维护工作流程的制订必须细致且符合具体情况。同时，这样的维护工作流程也有助于提高维护团队与其他团队(如运营和 FI&R 团队)之间信息共享的程度。

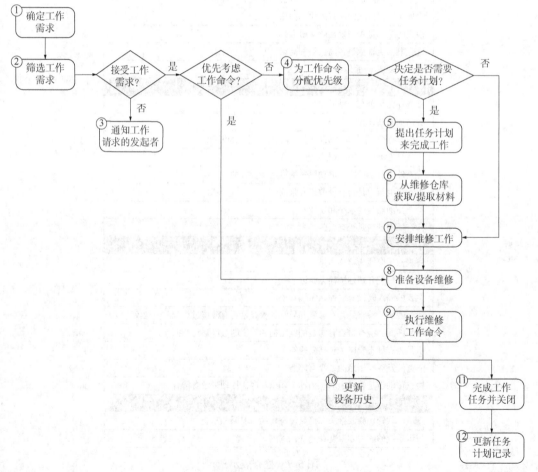

图 5.8 维护计划和调度工作流程

基本的维护计划和调度工作流程由以下主要步骤组成：

（1）确定工作任务的需要。

（2）对工作任务请求进行筛选。

（3）确定是否需要任务计划。

（4）制定任务计划。

（5）材料采购。

（6）维护工作的安排。

（7）维护设备的准备。

（8）工作任务的执行。

（9）更新设备历史记录。

（10）完成并关闭工作任务。

（11）更新任务计划记录。

5.6.1　维护需求

维护需求有很多种。有些可能只是所有设施员工在日常工作中识别出的设备或管道故障，例如泄漏，设备杂声及损坏等。也有一些可能是同个状态监测系统发现的设备老化。此外，变更过程的管理也可能增加维护需求，如工程团队对设施设备做出的小修改也涵盖在维护需求当中。但无论如何，大部分的维护工作都是预先计划的结果。这些工作作为预防性维护计划的一部分，会被预先编入 CMMS。

可以通过多种方式清楚地传达维护工作的情况，并对其进行记录。作为 FIEM 的一个组成部分，工作任务的记录是非常重要的，因为只有这样才可以了解设备的历史运行状况。工作任务由 CMMS（通过对预先授权的维护需求进行处理）自动生成。该任务可应用于大多数维护工作，包括预防性的维护任务和状态监测任务。当发现需要立即作出反应的被动工作时，需要谨慎处理。因为在这种情况下，人们很容易绕过规划过程并且跳过记录步骤。这种行为使我们有可能犯错和面临潜在风险，应该尽量予以避免。

绝大多数设施工作人员都有责任对维护需求进行识别和上报。上报通常可在维护管理系统（通常是 CMMS）中完成。

5.6.1.1　维护需求的上报

维护需求是在设施中要求进行维护工作的通知。在获得批准后，维护需求将转换为可以在设备记录和维护历史中找到的工作任务。

维护需求有很多不同的种类，例如：

（1）日常维护申请。

（2）维护修理报告。

（3）小型维护工作申请。

（4）测试和检查申请。

5.6.1.2　维护任务

维护任务是经过批准的维护需求，用于在设施中执行维护工作。维护任务包括要执行的维护工作的具体细节。

维护任务有很多不同的种类，例如：

（1）正常维护任务。

（2）预防性维护任务。

（3）预测性维护任务。

（4）测试和检查性维护任务。

（5）小型维护任务。

（6）变更维护任务的管理。

5.6.2　维护需求的筛选

所有维护需求都需要经过筛选。这是为了确保合理使用资源，保证维护工作的价值。筛选可能产生不同的结果，比如准许开展工作、拒绝申请，以及要求提供更多信息等。

维护需要的筛选应由负责设备维护费用和设备生产的主管人员完成。这是因为核准、推迟或拒绝的维护任务将对设施的总费用和资源利用产生影响。经过批准的维护需求即为设施的维护待办事项。

5.6.3　维护任务计划的需求确定

所有的维护工作都必须进行规划，这一点很重要。对于基本类型的维护任务，规划的级别可能会非常低。有时，有些基本任务的规划可以由维护技术人员来执行，这样就省去了高级维护人员的额外工作。更复杂的维护任务自然需要专人来进行规划。在这些情况下，通常会涉及许多因素，例如规划使用的特殊工具或设备（如重型起重机）、工程输入（如图纸绘制或精确计算）、多个工作组同时工作的协调等。

5.6.4　维护任务计划的制订

维护任务规划通常由维护规划员进行编制。在这个过程中，最重要的是保证规划中涵盖足够多的细节，以便使工作范围和方法说明简洁明了。安全预防措施与所需的工具和材料也应被纳入规划。图5.9是一个维护任务计划的示例。任务计划一般包括以下信息：

（1）任务摘要的详细信息。

（2）安全和许可要求。

（3）需要执行的维护工作的描述。

（4）需要的特殊个人防护装备（PPE）。

（5）材料和设备计划。

FIEM的关键原则之一，是在关键工作流程上要有一个反馈回路。维护任务计划是一个关键流程，必须确保此流程得到良好执行并能够对其进行审核，以便持续改进。因此，需要对所有计划进行检查，以确保维修任务计划以及参与其计划的过程和维护人员符合所需的质量标准。图5.10显示了计划开发清单的示例。

5.6.5　维护材料的采购

高效的维护备件和材料采购部门是保证维修管理系统正常运行的重要因素之一。采购部门应严格遵循维修策略的规定组建具有最新设备备件且备件种类齐全的数据库。备件和材料应合理储存，以防止受到天气和不利环境条件的影响。

维护任务计划			
工作订单号：	工作订单说明：		
申请人：	申请日期：		所需时间：
优先级：	计划人员姓名/联系方式：		
活动类型：	地点：		
工作描述：			

安全要求	程序要求	许可证要求
1.热工作		
2.密闭空间		
3.有毒气体带		
4.辐射		
5.其他		

任务计划				
活动描述	工艺	工艺序号	持续时间（h）	总计（h）
1				
2				
3				
4				
5				
专用防护用品和工具				
1				
2				
3				
4				
5				

物料计划	
项目描述	数量（编号）
1	
2	
3	
4	
5	

图 5.9　维护任务计划示例

序号	维护任务计划工作清单	检查
1	工作订单	
	已分配工作单号	
	工作已得到适当的优先安排	
	已确定工作进度日期	
	已审定工作范围	
2	工作订单审查	
	实地评估工作已经完成	
	已制订维修工作计划	
	工作计划已被维修主管批准	
	材料要求是明确的和可用的	
	安全措施到位	
	工具已定义并可用	
	脚手架已安装和注册（根据要求）	
3	工作订单文档	
	在工作现场文件是完整且可获得的	
	遵守了工程标准	
4	特殊的条件	
	变更提案的管理得到批准	
	带电工作计划已得到批准	
	水压试验工作计划已得到批准	
	关键吊装工作计划已获批准	
	密闭空间工作计划已获批准	
	带电设备焊接工作计划已获批准	
	挖掘工作计划已获批准	
	现场有设备供应商（如有需要）	
5	操作准备	
	设备隔离已经完成	
	遮挡工艺设备齐全	
	工艺设备吹扫完毕	
6	设备日期	
	现场有设备手册	
	确定设备和材料的重量	
7	QA/QC需求	
	确认检验器并校准	
	焊接（热处理）细节已确定	
	焊接（射线照相）细节被确定	
	确定水压测试细节	
	确定涂装要求	

图 5.10 维护任务计划工作清单示例

维修备件和材料的采购会对维护预算产生很大的影响。通常情况下，如果能与主要供应商就高单价或高消耗的备件或材料作出预先安排，会具有一定的成本效益。

5.6.6　维护任务的安排

有效的维护任务安排有利于确保维护团队的高效工作，有利于优先处理重要维护活动，也有利于良好地组织维护工作，并将维护情况传达给设施组织中的其他相关方。

维护任务通常以周和天为周期进行安排，并与代表设施内各团队主要相关者举行调度会议。与会者通常包括：维护经理、维护规划专员、维护任务申请者、负责工厂生产计划的运营团队代表，如果有测试和检验任务，FI&R 的代表也应参加。

周调度会议的主要目的是协调运营团队的主要维护任务和生产计划，并为下周要执行的工作设定优先级。日调度会议的目的是审查维护任务的进展，并与运营准备工作进行协调，以便使设施维持在稳定状态，为维护团队的工作做好准备。在日调度会议上，应对接下来24h 内的工作进行审查和安排。

5.6.6.1　维护任务优先级

维护任务的优先级通常是根据工作的关键程度和设备生产计划来确定的。维护任务的优先次序应由运营、维护和 FI&R 团队集思广益，一同审查并在最终达成一致，以保证所有职能组织都能对设施上正在进行的工作有所了解。维护任务的优先级对必要的计划和调度同时具有推动作用。例如，关键性高的任务可能需要更详细的计划。维护任务要按照预先商定的优先次序来安排，这一点非常重要。此外，最高优先级的任务(通常是计划外的任务，成本也较高)应该被最小化。这样，才能将重点和精力花在计划内的任务上。5.8 节中将讨论计划内和计划外任务的组合。

维护任务的优先级排序可以通过很多种方法完成。

具体的优先级别可以分为以下几类。

（1）一级优先维护任务。

一级优先维护任务是优先等级最为紧迫的任务，应立即执行直到完成。因为优先等级高，为此进行的加班通常会很快获准。一级优先维护任务通常符合以下情况：

（a）极有可能造成健康危害、安全风险或重大环境污染。

（b）最终产品质量无法满足现有销售要求，或产品产能与销售不匹配。

（c）与线下法律或法规不符。

（2）二级优先维护任务。

二级优先维护任务是必须尽快完成的紧急任务，通常须在 48h 内完成，因此通常不需要专门加班。二级优先维护任务通常针对以下情况：

（a）极有可能造成健康危害、安全风险或重大环境污染的情况。

（b）产品质量很可能不符合销售要求。

（c）关键设备故障的可能性很高。

（3）三级优先维护任务。

三级优先维护任务通常是可以进行重新安排的基本工作，一般应在任务申请批准后的 1周内安排并执行完成。三级优先维护任务通常针对以下情况：

（a）发现了可能造成人员伤害的因素。

(b) 预防性维护任务：检查或测试。

(c) 需要升级的潜在产品质量影响。

(4) 四级优先维护任务。

四级优先维护任务一般为应在计划停机期间执行的维护任务。四级优先维护任务的执行时效较长，可能会延迟数月。在执行这个类型的任务时，维护团队可能需要进行一些设计工作，并在设计的过程中与运营团队和潜在的设备供应商进行协调。

5.6.6.2 调度会议

调度会议是维护计划和调度工作流程的核心要素。通常，周调度会议持续大约 30min，日调度会议 15min。

周(日)调度会议的主要议程如下：

(1) 新增加的维护工作的审查。

(2) 对一级优先维护任务进行审核。

(3) 对未完成的维护任务进行审查和重新安排。

(4) 评估未完成维护任务的原因并对所吸取的经验教训予以记录。

(5) 对本周计划的生产要求进行审查。

(6) 对可以按照计划进行的维护工作进行审查。

(7) 对可能取消的旧有维护工作进行审查。

(8) 审查并解决维护人力和材料限制问题。

5.6.7 维护任务的设备准备

通常在开始维护工作之前，都需要进行一些准备活动。这些准备活动可能包括：为准备维护用工作许可证、关闭设备、使设备进入维护安全状态(隔离或锁定活动部件等)。这项工作通常由运营团队执行，同时他们也将尽量为下一个维护班次的工作做好准备，避免浪费资源。

5.6.8 维护任务的执行

在运营团队完成设备的准备工作之后，维护团队就可以执行维护任务了。维护团队应由合格的负责人进行管理，其团队成员需具备相应的学科知识。

在任务执行期间，维护团队应该公开工作情况，使规划人员和运营团队对最新进展有所了解。同时，维护团队应对任何由于意外事件导致的、可能出现的潜在延误进行强调说明。如果FI&R 团队提出要求，维护团队应确保能够在维护任务执行过程当中对这些要求有所体现。

5.6.9 设备历史记录的更新

对设施设备数据库实施更新是 FIEM 的一个关键特性。数据库同时涵盖了全面可靠的设施设备性能记录。

在维护任务完成之后，必须在设备历史数据库中将对设备执行的操作记录下来。这些信息可能对设施团队之后进行的故障排除和可靠性改进具有重要意义，因此非常关键。设备历史记录至少应包括以下信息：当前设备状况、已完成的维护操作、使用的备件以及其他需要记录的状况(如明显的磨损或可能加速设备老化的问题、标记更改、脱色等)。如果设备故障可能和维护操作相关，则必须进行故障调查。图4.14的故障调查表格可用于帮助确定故障调查类型和资源支出。

为了保证设备历史记录合理涵盖所有所需细节，常常会要求高级维修工程师对维护任务完成后的记录进行签署。这是一种行之有效的、控制历史记录质量的方式。此外，可以开发一个审计流程作为反馈机制，以确保这个系统的稳定。7.3节将对"质量保证"中讨论查证和复审。

5.6.10 维护任务的完成

维护工作完成、设备历史记录更新后，即可认为维护任务完成。在任务执行即将结束时，应该通知任务发起者(任务申请人)其申请的任务即将执行完毕，并将维护过程中发现的情况进行说明。在这之后很重要的一步，是任务发起者应到达工作现场，与维护团队负责人一起对已完成的维护工作进行审查，以保证任务的完成度和质量。在这种情况下完成的维护任务在完成后将不再分配任何费用。

5.6.11 维护任务计划记录的更新

大多数维护工作的性质是重复。例如，设备大修、备件更换、过滤器和机油更换等，都是依照情况和时间需要完成的定期维护。因此在很多情况下，定期维护的任务规划也是重复的。为了提高设备维护效率和有效性，可以创建任务规划库。规划库可帮助规划人员更好地为维护团队制订相关的任务规划。图5.9是一个维护任务规划的示例。

根据FIEM持续改进工作的要求，每个维护任务结束后都必须重新对任务规划进行检查。任务规划的审查和更新应包括任务执行方式在效率和安全方面的所有改进。同时，在任务执行过程中所积累的经验教训，如可能导致延误或再次发生不可预见事件的潜在风险等，也是审查和更新的重点。

5.6.12 维护规划和调度系统指南

对于有效和高效的维护管理工作流程和实现FIEM来说，维护规划和调度是至关重要的一步。如果实施得当，规划和调度流程可以大大减少设施设备的停机时间。这是因为合理的规划和调度可以帮助保证预防性维修按时完成，显著降低设备故障率。此外，这项流程还可以通过减少必要维护人员数量和提高工作效率帮助维护团队进行流程优化。

有效的规划和调度流程需要很多其他流程和活动的支撑。在该流程开始之前，应制订与其相关的规划和调度步骤，并明确相关活动，包括角色和责任。制订步骤的主要目的，是帮助所有流程参与者理清思路。保证所有流程参与者都受到合理的流程和系统培训也是非常重要的。

此外，为了实现PDCA循环和FIEM的持续改进，为流程中的不同步骤制订全面的计划以及审计和审查安排是非常必要的。这样的机制使我们能够从经验中不断学习，持续摆脱低效率，拒绝重复错误。

5.7　维　护　策　略

只有对维护管理的原则和实践以及特定设施性能有充分的了解，才能筛选出成功的维护策略。维护策略的选择没有固定的程序。为了适应不同的设施性能和实际条件，具体的维护策略往往采取不同策略的组合。

尽管如此，还是有许多久经考验的维护策略可供参考。这些策略包括优化现有维护程序、消除故障的根本原因、最大限度地减少维护需求等。其中，最重要的莫过于在提高设备可靠性的同时降低已有成本。

有效的维护策略是在平衡相关资源消耗和最终成本的同时，最大限度地提高设备的正常运行时间和设备性能。毕竟，需要确保投资能够得到足够的回报。

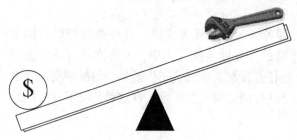

图 5.11　设备维护与设备性能的平衡

相对于设备性能和正常运行时间，是否对所花费的维护成本满意？维护费用和设备性能之间的平衡值得花心思去把握。可以制订适当的维护策略来帮助调整这种平衡，以保证合理的投资回报(图 5.11)。

有时，为了满足设施的个性化需求，可以根据实际情况对维护策略进行定制。实际上所有策略都是动态的规范，必须随着环境的变化定期更新。适用的策略必须基于对设施当前情况的详细评估，并包括以下问题：

（1）设施设备和系统的历史性能如何？

（2）是否有明确的生产目标，即设施设备和系统的任务时间多长？

（3）在何种情况下，设施需要关闭？

（4）当前的维护预算是多少？

在清楚了解了当前的情况和制约因素后，就可以确定维护规划的目标了。维护目标必须由所有与关键设施运营和维护的参与者参与制订。其内容应与公司的业务目标保持一致，并且清晰、简洁且务实。策略目标可能由许多部分组成，例如：提高设备正常运行时间、降低维护成本、降低设备运营成本、延长设备寿命、减少备件库存、改善 MTTR 等。图 5.12 是一个维护策略工作流程的例子。这个工作流程的开发是为了优化和改进现有的设施维护规划。根据设施的具体情况，合理制订策略还可以帮助维护管理向阶段性优化方向迈进，逐渐取代现有旧维护规划，转变为以可靠性为中心的维护规划(Reliability-Centered Maintenance，简写为 RCM)。相对来说，RCM 需要更加密集的劳动力和时间，价格也较高。在 5.7.1 节将对其进行讨论。

相对于需要完成的工作量来说，维护预算和资源总是非常不足，这是业界面临的共同问题。因此，对维护资源进行优先排序是非常必要的。在主要维护策略目标制订完成之后，首先应该确定的，就是设备的关键性。在第 4 章中讨论了关键性这一概念。关键性是以风险为导向的管理方法，它不仅可以帮助我们有效地对资源进行优先排序，还可以帮助评估 MMS 或 CMMS 中维护任务的必要性和有效性。

如图 5.12 所示，关键性审核的输出为维护策略活动提供了方向。这些活动可能包括以下内容：

（1）审查和优化维护备件。

（2）对设备维护任务的内容和方法进行审查(例如对选用纠正性维护、主动维护或运行直到故障等维护方式的原因和具体步骤进行审查)。

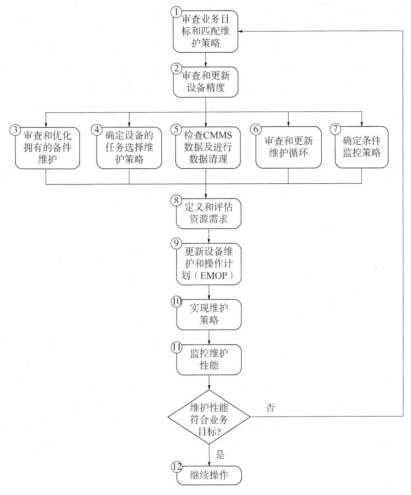

图 5.12　维护策略的工作流程

（3）维护路线的审查和更新。

（4）对状态监测策略的内容和方法进行审查。

（5）检查 CMMS 以评估维护任务的有效性(数据清理)。

准确且稳定的关键性评估可能会对许多策略目标产生影响，因此，对现有的维护策略要不断进行审查和优化。

业界面临的另一个共同问题是，许多计算机维护管理系统中预设有大量的预防性维护任务，其中很多任务可能是多余的，甚至是不必要的。这些任务可能消耗大部分维护资源和时间(维护成本)而投资回报却很有限。因此，为了使 CMMS 中的当前数据处于增值状态，维护策略还应该执行"清理"工作。数据清理能够批判性地审查和评估当前的 CMMS 任务，以消除那些因为对增值毫无建树而显得多余的任务。通过完成设备的关键性排序，可以对这些活动进行逻辑性和系统性的评估。

在设备关键性评估完成且策略目标的审查和更新也完毕之后，维护资源与策略的一致工作也随即完成。维护策略目标应对资源和相关的维护成本作出限制。策略制定过程的下一步是对 5.5 节中提出的设备维护和运营规划进行更新。设备项目维护和运行信息主要记录在

EMOP 中，它同时是最新的维护和运行策略的来源。包括设备维护和运营参数的基本信息也可以在 EMOP 中查到。在它的帮助下，可以更好地在设施上完成维护策略的执行。

通过开发基准数据集设置关键绩效指标（KPI），可以对设施维护性能进行评估，从而了解到新制订的维护策略的影响和成功之处。在维护策略的执行中，这是至关重要的一个部分。设施目前的表现如何？维修费用是多少？MTBF 数值多少？MTTR 的数值是多少？维护返工率有多高？一旦对当前的设施维护性能进行基准测试，就可以根据该基准对维护性能进行测量。维护性能需要定期审核，并且根据结果对审核和更新的频率进行调整。在第 9 章中将对设施完整性 KPI 和展示板进行探讨。

如果维护性能符合业务目标，设施将继续运行；反之，如果性能显示任何异常，或在设施流程、关键性排名上有任何变化，则应重新考虑维护策略。

5.7.1 以可靠性为中心的维护

1978 年，Stanley Nowlan 和 Howard F. Heap 联合发表了一份研究报告，主题是在航空业复杂的系统中维持更具成本效益的新方法。这种新方法被称为"以可靠性为中心的维护"（Reliability-Centered Maintenance，简写为 RCM）[18]。

如今，以可靠性为中心的维护（RCM）已被广泛应用于许多工业领域，并且被公认为是石油、天然气和石化设备维护的主要方案之一。根据 RCM 的理念，设施中的所有设备并不具有同等的重要性，因而在优先安排某些设施设备的维护工作方面具有显著优势。RCM 为维护程序的开发提供了有效的结构化方法。它专注于设备需求，为设施维护奠定了良好的基础，并提高了主动维护的比例。该方法解决了设备和系统故障的基本原因（即"可靠性"）。它能够确保控制措施到位，以预测、预防或减轻功能故障为主，从而确保相关的业务效果[19]。RCM 遵循汽车和航空航天工程师协会（Society of Automotive and Aerospace Engineers，简写为 SAE）的技术标准定义，即 SAE JA1011（1999）[20]。

5.7.1.1 RCM 工作流程

使用以可靠性为中心的维护（RCM）这种方法，可以得到一个结构化的框架。这个框架可以用于分析设施设备的功能和潜在故障，包括泵、压缩机，设施处理单元等。这种分析的重点是保证系统功能，而不是保存实际设备。RCM 可以帮助我们制订一系列维护规划。RCM 的母标准 SAE JA1011 规定了符合 RCM 流程的最低标准[20]。

尽管在应用 RCM 时会有很多需要调整的适应性成分，但大部分应用都遵循图 5.13 工作流中所示的步骤。

（1）RCM 分析的准备。

为了确保 RCM 分析的顺利执行，有许多准备活动应提前完成。

首先，应该精心组建 RCM 团队。这个团队应该包括一个跨部门的设施运营、维护和 FI&R 团队，对将要分析的设备技术理解透彻。除此之外，该团队还应该对 RCM 分析方法的理念、原理和步骤都非常熟悉。

RCM 分析需要投入大量的时间和资源。因此，有必要时常由设施维护小组进行筛查，集中精力选出必须进行 RCM 分析的设备和系统。不仅应确定待分析的设备或系统，还应在设备区域周围划定边界。这是为了保证 RCM 范围有明确地划分，以便能够适当地分配工作和时间。通常情况下，关键性评估用于设备或系统的选定。

（2）功能和潜在功能故障的确定。

以可靠性为中心的维护注重的是保证设备的功能性。这个流程的下一步是确定设备或系统需要执行的功能。例如，设备功能，包括性能限制，在功能的定义中应该有明确规范。

在 RCM 团队明确定义了功能之后，就可以对潜在功能故障进行相应的定义了。功能故障包括性能过低或性能过高。

（3）识别并评估故障的影响。

下一步是识别和评估设备故障的影响。此步骤使 RCM 团队能够确定优先级并选择适当的维护策略来处理故障。我们通常会使用逻辑图来完成这部分流程，以便对故障的影响进行持续的评估和分类。

（4）故障原因的确定。

通过对故障的具体成因进行识别，能够找到故障的根本原因，并最终制订出可以完全解决故障的维护策略。

在这个过程中，合理利用 RCM 团队的技能和经验，才能够保证找到的故障原因是明晰和准确的。在这个阶段，应该对故障的原因进行尽量详细的描述。只有这样，才能保证维修任务的选择步骤稳定、可靠地完成。此外，在完成这个步骤的过程中，也可以参考 RCM 的母标准 SAE JA1012。该标准提供了关于如何识别故障原因的实用指导[20]。

（5）维护任务的选择。

在维护任务选择阶段，已经确定了设备要执行的功能以及这些功能可能会以何种方式发生故障。我们已经评估了功能故障的影响并确定了造成故障的原因；下一步，是为设备选择适当的维护任务以防止此类故障的再次发生。尽管有很多种方法可以执行此任务，但无论选择哪一种，RCM 团队的技能和知识都是完成该任务的关键因素。

（6）维护任务的组合。

RCM 流程的最后一步是将维护任务合理组合，使之变成一个实用且可靠的维护系统。这个过程包括对已经选择的维护任务进行选择并以合理的方式对它们进行分组，然后将它们上传到设施的 CMMS 中。组合 RCM 任务的最终目标是使整体维护规划切实、有效。

图 5.13 以可靠性为中心的维护工作流程

5.7.1.2 RCM 维护策略的实施

以可靠性为中心的维护（RCM）是一个久经考验的维护策略。它提供了一个结构化和系统化的框架，可以为设施设备提供有效的维护管理规划。

毫无疑问，RCM 是一个需要密集资源且非常耗时的流程，开发和实施起来成本都非常高。为了减少开发和实施 RCM 程序所需的工作量，很多人对 RCM 进行了迭代，取得了不同程度的成功。但无论如何迭代，都必须维护 RCM 的关键原则，且不能过度扩展设施维护团队在流程开始时制订的设备界区范围。否则可能会因不理想的结果感到幻灭和沮丧，最终导致执行工作失败。

RCM 维护规划的开发和实施需要付出持续不懈的努力和毅力。对于设施管理团队和涉及更广泛管理的设施功能团队来说，支持 RCM 的实施工作，并为此投入成本和资源也很重要。

5.7.2 故障模式和影响分析

故障模式和影响分析(Failure Mode and Effects Analysis，简写为 FMEA)是一种有效且实用的分析设备故障的工具。FMEA 的使用可以追溯到 20 世纪 40 年代，它是最早被用作故障分析方法的技术之一。

FMEA 最初是由美国军方开发的，用于解决军事装备和系统过早失效的问题。关于它的详细信息可以查阅美国武装部队军用标准 MIL-P-1629[21]。多年来，FMEA 不断发展，现已广泛应用于多个行业，包括航天机构、食品服务、软件、医疗保健、石化和石油天然气等。使用 FMEA 时，也可以参考 SAE J1739 标准(设计中的潜在故障模式和影响分析)[22] 和 IEC 60812 标准(故障模式和影响分析的国际标准)[23]。

FMEA 也可以成为可靠性计划，如 RCM 研究的一部分。它可以帮助审查设备系统、子系统和组件，以识别故障模式、故障原因及其影响。FMEA 的效果分析包括检验故障对特定设备系统、子系统或组件的影响。每个子系统和组件的故障模式及其产生的影响都将记录在 FMEA 工作表中。为了详尽地对分析结果进行记录，FMEA 工作表有许多可以进行修订和更改的部分。

执行 FMEA 的主要步骤如下：
(1) 确定研究的目标和期望。
(2) 识别并确保装置区域不受待分析设备或系统的影响。
(3) 对设备系统、子系统和组件及其关系进行定义。
(4) 确定每个设备系统、子系统或组件的故障模式、故障原因和影响。

FMEA 在应用于特定设备或系统时尤其具有优势，这是因为它最初是为独立的军事设备设计的。我们也希望能将 FMEA 研究的目标放在经过关键性分析后得出的高关键性设备或系统上，以获得最佳效果。

5.7.3 维护规划的优化

维护规划优化(Planned Maintenance Optimization，简写为 PMO)是一种成熟的、经过试验和测试的维护策略，可追溯到 20 世纪 90 年代。在很长的一段时间里，业界普遍认为 RCM 不适合现有设施的需求，因为现有维护计划的设施、资源和时间有限，无法进行 RCM 研究。这主要是因为 RCM 是一种用于对设施使用年限进行设计阶段划分的工具。从这个角度来说，PMO 是专门针对现有的维护系统而设计的。

PMO 流程如图 5.14 所示。PMO 会从现有的设施 CMMS 中识别出已规划的维护数据库活动，并将它们加以归类，形成不同的规划维护流程小组。然后，每个相应的设施设备历史记录都会受到审查，以确定这些已规划的维护任务的必要性。经过严格的评估后，这些任务最终会根据其附加价值被进行优化。最终，维护系统将随 CMMS 一起更新。

PMO 研究可以在一个单独设立的工作组中进行，也可以使用商业软件完成。市场上有许多 PMO 软件，其中一些可以与 CMMS 对接。通常情况下，实施 PMO 战略的决定是由维护管理团队临时决定的，而原因大多是预算和资源的不足。

5.7.4 缺陷的消除

"故障源于缺陷。消除缺陷是我们不断改进生产和维护体系的方法"[24]。

设备故障是由缺陷引起的，因此，通过消除故障，就可以提高设备的可靠性。消除缺陷是一种将我们带回初始设计的维护策略。它能够帮助防止设备在使用年限的早期阶段出现缺陷，继而消除设备运行阶段因缺陷引起的故障。

通过消除可能导致未来设备故障的缺陷，还可以降低维护需求，从而提高设备的正常运行时间。消除缺陷实际上可以降低设备或系统对维护的要求，从而降低维护成本。

消除缺陷的目的是识别故障模式并在一开始就将它们扼杀在摇篮状态。每一个设备都会按其组成进行组件分类，并对相应的缺陷予以识别。识别完成后，会为每个缺陷制订缓解规划，彻底消除引发故障的模式。此外，控制措施和质量保证标准的制订也应尽早完成，以便在设备和系统设计之前发现和消除缺陷。本书5.7.2 节中介绍的 FMEA 工具是可以采用的缺陷消除方法之一，它的主要功能是对故障模式和影响进行分析。

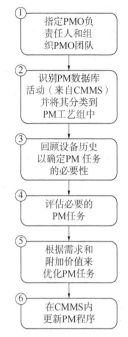

图 5.14　维护规划优化的工作流程

诸如消除缺陷这样主动的维护策略是非常有用的，因为它们可以极大地节省成本，对减少维护需求具有持久的效果。

5.7.5 故意过度设计的选择

在某些情况下，维护管理人员可能会有目的地过度设计设施上的特定设备或系统。这么做的原理是使特定设备和系统的故障承受能力更强，或者在故障的情况下仍能维持较长时间的运作。

在需要设备提供额外的稳定性时，如处理设施中有毒、有害物质或化学品等类似高关键性流程，以及需要提高流程中某些部分的可靠性时，可以选用这种方法。

这是一项战略性的维护决策，可以延长设备和系统寿命，从而保持较长的生产周期。它包括优化设备或系统的设计规格，使其具有更坚固的部件、更高规格的结构材料和更好的表面保护涂层等。

维护管理是一个持续改进的过程。其目的是通过提高设备的可靠性来增加价值，同时降低成本。很明显，在这种策略下，成本和附加价值之间需要保持平衡。在使用这种方法之后，尽管生产成本可能有所增加，但增加的部分会因生产产量的改善而被抵消。

5.7.6 停机检修维护

在停机检修期间，维护设备和系统将以低于 MTBF 的固定频率进行维护或大修。这样做的主要目的是防止意外故障。

停机检修通常通过大修方式来完成。在停机期间，整个设备将从运营流程中移除，带回车间拆卸成部件，再重新进行组装。

停机检修维护策略的使用是为了确保在特定的时间段内生产不会间断。通过定期更新或检修设备，能够消除磨损导致的停机故障。在设备以制造商的标准进行大修后，其性能也会回归到出厂状态。当然，大修同样面临着因质量控制不善、装配过程中出现错误、材料选择不当和安装导致的损坏带来的风险，这些风险的后果都非常严重。

5.8 维护策略的合理组合

能够适应所有设施和环境的完美维护策略是不存在的。通常，许多不同的维护策略会被组合在一起，以满足设施业务目标的特定需求。组合的具体内容通常根据设施的具体需求量身定制。

比如，纠正性维护很可能出现在组合中，用以处理设备故障和帮助进行相应的根本原因分析。又比如，在对日常维护任务进行预防性维护的同时，可能还需要对设备进行预测性维护。

图5.12已经探讨了维护策略开发的选项，并指出维护策略开发的一个关键要素是要求策略必须随着环境的变化而变化，因此维护策略的组合也必须改变。这就是为什么当提到有关维护策略的"最佳组合"时，总会强调这种组合是没有具体指导方针或标准的。每一个油气和石油化工设施都是不同的，因此与它相称的维护策略也是独一无二的。

业界普遍认为，预防性、预测性和纠正性维护应该有机结合起来，才能成功地进行维护作业，提高生产效率和成本效益。图5.15显示了"世界公认"有效的维修策略组合，其中绝大部分是主动维护，只有一小部分是纠正性维护。

另一方面，有一种观点认为，行业平均主要维护设施策略组合(图5.16)中的绝大多数都是纠正性维护。这是已经讨论过的环境导致的。在这个"被动区"里，维护是随机产生的设备故障所导致的被动反应。

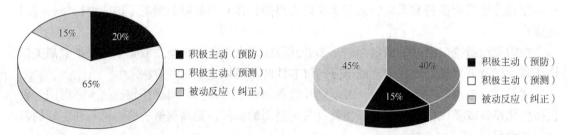

图5.15 世界公认的有效维护策略组合　　图5.16 行业平均的维护策略组合

预防性维修任务的占比也较大，它们主要是按预定的时间间隔对设备进行的维护。合理地组合设备维护策略可以使设备的维护操作具有更高的性价比和可靠性。

6 运营管理

6.1 引　言

设施的运营要素是 FIEM 设施部分的最终构成(图6.1)。设施运营的完整性是通过为设施设备和系统设置运行范围,并确保设施在这些范围内运行来建立的。这就要求针对正常和异常运行条件下的各种具体运行条件制订有效的设施运行计划。设施运营规划可能包括对生产目标和主要停机活动的规划。它应与设施的总体业务目标保持一致。

为了使设施运营规划能得到良好的实施,需要使用许多控制措施。这些措施包括整套详细的设备维护运营规划(EMOP)、合理的操作程序和实施过程、结构良好的 FI&R 和维护规划、可靠的设施关键性设备,以及具有专业知识、经验丰富的操作团队。

运营团队的任务是确保设施运营规划和 EMOP 通过运营规程和实践得到令人满意的执行。运营规程应明确描述并记录设施内所有设备和系统的操作过程。

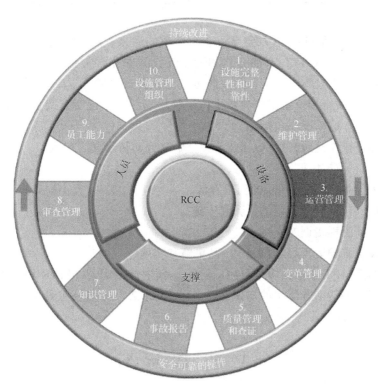

图 6.1　设施:运营管理

该运营规程应详细说明设施从启动到正常运行,再到正常关闭的各种运行情况下必须完成的流程操作,包括发生紧急情况时的流程操作,如紧急操作和紧急关停。最后,在某些情况下，例如在资本项目更改或调试工作进行期间等，设施可能需要在异常条件下运行，因此必须提前制订临时操作流程。

运营规程还必须对所有活动中的健康、安全和环境（HSE）因素进行考量。应制订全面的健康、安全和环境控制规划，以解决与设施流程相关液体和化学品有关的属性和危害等问题。此外还应准备一些必备的预防措施，以应对危险设施流程相关液体和化学品失去控制的情况，如运营控制、个人防护设备等。

6.2　设施的启动

设施启动是设施运营中的一项重要活动。有很多种情况都会导致设施一开启就关停，启动流程应包含应对这些情况的措施。关停可能是因设施首次试运行后的首次启动导致，或是由工艺原料的变化，比如催化剂或某种原料的需求过低导致。通常情况下，关停是由于维护工作或资本项目的要求造成的。在此类原因造成关停时，必须确保施工和调试用的事项核查表填写清楚、责任明晰。运营团队应在之后逐一执行巡查检查表上的项目，如检查止回阀方向、仪表变送器连接等。

设施启动流程的目标是安全有效地实现稳态运行。优化设施流程以达到稳态运行可能需要较长的调试时间。调试过程中，可以在进行流程变更管理时修改操作流程，并将最佳操作参数记录下来。

由于设备启动异常和执行不力会导致非常严重的后果，启动前安全审查（Pre-Start-up Safety Review，简写为PSSR）在石油石化和天然气设施中非常常见。PSSR会在开启前对设施进行最终检查，如果设施中含有新的或改进过的设备或系统，这一步骤会显得尤为必要。PSSR可对所有流程安全和设备操作参数进行系统检查，以保证所有变更适配，设施准备就绪，可以安全启动。这项操作包括：

（1）危害和可操作性研究（HAZOP）等安全研究行动和建议的实施。

（2）符合各类标准和规范要求的修改。

（3）油、液压油等设备消耗品的到位确认。

（4）对流程，包括应急流程的更新和实施。

（5）大力度新流程培训的安排。

（6）确认设备维护运营规划（EMOP）已更新和实施。

值得强调的是，PSSR应由多学科团队进行，其中包括运营、FI&R和维护团队的代表，以确保启动审查能够囊括各层次的知识经验。PSSR的结果应记录在案并妥善存档，以便设施管理团队参考。

6.3　正常运行

在设施正常运行期间，设施应按照其设计运行，运营团队的主要任务是确保所有设备和系统在其操作范围内运行。图6.2展示的简要工作流程描述了设施正常操作的完整性重点。如果设施设备或系统的运行超过其操作范围，设备故障、材料磨损和老化的可能性和速度都会升高，最终导致极高的安全风险。当操作团队确定设备或流程在其操作范围之外运行时，需要采取行动。

这类行动的第一步是对设备或系统在范围外运行有关的风险进行评估。然后对管理这些风险的可能性进行判断。如果可能性很低，则应选择关停设备。也可以经过审查重新对设备运行范围进行定义。重新定义设备运行范围在一些固定条件下，如调试中较为常见，但也有在长期条件下应用这一操作的情况出现。但无论哪种情况，运行范围的变更都应通过管理变更流程完成。在第7章中将对完整性支撑流程和变更管理进行详细说明。

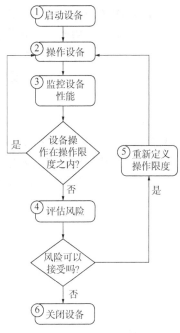

图 6.2　设备常规运营程序

6.4　非正常运行

也可能存在设施流程不以"正常模式"运行的情况。这很可能代表着流程参数和运行条件的波动。此时应密切监测运行情况，并对异常情况进行评估，尽力使运行状态稳定。

6.5　运 行 范 围

运行范围(OE)的核心是设施设备和系统运行中流程参数的设计标定范围。运行范围参数可以是物理参数或与流程相关的参数。当设施设备和系统能够保证在这一范围内运行(并且与维护规划保持一致)时，其无故障运行的时间可以大大延长。

反之，如果偏离了预定的运行范围，无故障运行的时长就会缩短，设施设备或系统的完整性就会受到影响，导致设施设备或系统的过早老化或失效。因此，运行范围(OE)是一个重要的概念，它规定了设备保持完整性的流程条件。设施中的所有设备或系统都有其既定的运行范围，具体范围根据流程的不同而各有差异(图6.3)。

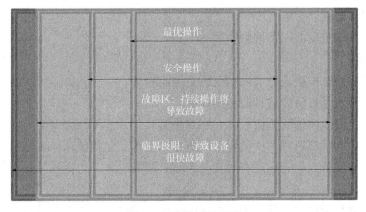

图 6.3　设施运行范围

运营团队的职责是对运营范围进行仔细、持续地监控和评估。同时尽快对运行偏差或差异进行确认和密切监测，并将其记录和上报给 FI&R 和维护团队。

6.6　设备维护和运营规划

在第 5 章中，讨论了设备维护运营计划（EMOP）以及维护差异。从运营角度来看，EMOP 也是 FIEM 定义运营战略和规划的主要流程。EMOP 专门用于 FI&R 的整合和最大化，以达到运营和维护的协同效应，促进以风险控制为中心的企业文化价值观。如图 5.6 所示，EMOP 涵盖了所有设备操作完整性运行范围的基础信息。

6.7　设施监测原则

为了使设施性能可靠且其正常运行时长能够达到世界级一流标准，必须建立一个有效的系统来对设施设备和系统的性能进行监控和管理。对设施设备和系统的密切监测得到了在故障周期（P—F 曲线）中进行干预的机会，通过识别设备早期老化的迹象，可以在故障发生前进行一些处理（图 4.3）。如果不能进行及时干预，故障便会毫无阻碍地发生，而这通常意味着需要花费大量资金的设备维护或更换操作。

6.7.1　运营人员监督巡查

在 5.5.5 节中，介绍了运营人员监督巡查。运营人员监督巡查是设施运营的关键要素，现在也被当做运营细节扩展的适当时机。在这种情况下，应特别注重运营人员监督巡查的优化，以便尽可能使巡查省时高效。运营人员应将注意力放在收集设备的差异数据上，并不断对巡查进行优化调整，以保证对关键设备而非低优先级设备的关注。

6.7.1.1　运营人员监督巡查指南

以下列出一些在运营人员监督巡查中可以用于借鉴的做法和活动。

（1）良好的巡查始于与运营、维护和 FI&R 团队的良好沟通——应确保关键设施团队之间存在有效的沟通方式。

（2）必须严格遵循运行流程。

（3）每次巡查均应遵循以下原则。

（a）记录明晰。

（b）通过监督巡查检查表对实际情况进行主动报告。

（c）巡查检查表应有明确的日期和责任人。

（4）所有变更必须通过变更流程，并在变更管理记录上进行更新。

（5）所有运营人员都应对其所负责的区域非常了解，包括该区域涉及的设备和流程。

（6）有经验的运营人员应在巡查时充分调动其所有感官，包括嗅觉、视觉、触觉或其他感觉。

（7）注重查看是否存在设备异常或老化的迹象，如设备是否有漏液、烟雾逸出或者过热等表现。

（8）重点关注已知的问题点或运行表现不佳的设备。

（9）应照顾到巡查线路上的所有设备。

6.7.1.2 运营人员巡查时应做到的内务管理

确保设施的干净和整洁非常重要。整洁的场地可以帮助监测和检查工作高效地完成，对设备异常检测和校正的顺利开展也具有积极效果。运营人员巡查期间对设施进行内务管理时，应注意到以下关键点。

（1）清理漏出的油渍。

（2）保持泵底座的干净整洁。

（3）确保每个人(运营、维护、FI&R 和参与设备运行的第三方)都能合理处理各自工作产生的废弃物和垃圾。

（4）检查路障是否在任何时候都能按要求到位。

（5）保持控制室干净整洁。

（6）检查化学品的存储是否安全合规。

（7）确保废弃物储存桶上标有正确的标签。

（8）根据需要对不同类型的废弃物进行隔离。

6.7.1.3 设施检查巡视的可视化

FIEM 的关键原则之一是创建一个可以发展以风险控制为中心的企业文化(RCC)的环境。帮助实现这一目标的关键推动因素之一，是确保尽可能多的设施设备和系统内流程参数的清晰可视化。

试想，如果流程参数表(压力、温度流量等)上没有任何数据，你怎么知道泵正在其 OE 内运行？

除了列出关键流程参数的设备维护运营卡(EMOC)以及标注在每台设备旁边的运行范围信息外，每个流程参数仪表都需使用颜色编码或进行突出显示，帮助我们清楚地知道设备的健康状况。仪表的颜色编码主要用来显示 OE 范围，将安全操作区清楚地标注出来。将不安全的操作区域区分出来是非常重要的，因为只有在清晰的仪表显示和范围标注的帮助下，才能更好地创建以风险控制为中心的企业文化，使包括运营、维护、FI&R、设施管理、工程等在内的所有设施团队具有时刻确保设施设备健康的理念。同时，清晰的标注可以很快使工作人员发现设施设备的运行异常，且有效提高发现异常的准确度，降低了发现异常人员的身份门槛。

图 6.4 显示了一张设施内设备仪表的照片。照片上的仪表已使用颜色编码，可以很容易地识别出 OE，并很容易地判断出设备此刻的运行性能是否在 OE 规定的范围内。

图 6.4 设备性能运行可视化示例

6.7.1.4 质量保证：运营人员巡查质量的评估

考虑到运营人员监督巡查的重要性，引入质量控制措施是非常必要的。质量控制措施是保证健康检查过程和监督巡查及时和全面执行的重要手段。图 6.5 显示了可用于实现这一目标的审核模板，其目的是评估运营人员监督巡查的合规性。这是一个简单但有效的工具，可以快速了解监督巡查的执行情况。该工具还可以应用于维护和状态监督巡查。质量保证是FIEM 的一个关键特征，在第 7 章中将对它进行介绍。

质量保证：运营人员巡查质量的评估			
日期：	设施区：		
	设备巡查：		
	是	否	NA	评论
操作员训练监测循环和变化报告完成				
所有设施设备在设备旁边都有一个设备维护和操作卡				
设备维护和操作卡信息已确认（临界状态和OE）				
设备偏差在数据库中被识别				
偏差被分配给所有者，并正被消除				
偏差正在及时消除				
监测循环实行并记录在每张计划表上				
关键设备在设施上有明确的标识和标记（例如水泵底座为高临界设备漆成红色）				
监测循环路径是干净整洁的				
签字确认：	签字确认：		
巡查员	操作主管		

图 6.5　设备巡查操作规范

6.7.2　设备和系统异常

设备和系统异常可以定义为"与设备正常运行相异的运行状态"。异常会导致设备的整体性能下降，例如泵的排放压力降低以及机械密封泄漏或泵空化之类的硬件故障。

异常是 FIEM 和设施运营中的核心概念之一。当设备性能参数普遍下降，特别是低于运行范围(OE)时，即可认为设备进入了异常情况。设施异常一经发现，应立即上报。其应被记录于运营人员监督巡查的结果当中。有关监督巡查结果的记录已经在第 5 章进行过介绍了。在监督巡查的过程中，每个设备和系统都要经过评估，任何性能下降的迹象或设备运行异常都应记录在案。在巡查中判断设备运行是否异常时，运营人员可以参考设备维护运营卡（图 5.6）上的 OE 范围。如果设备运行数据与 OE 范围不符，应立即对此异常进行记录。

通常情况下，位于运营控制中心的数据库会对设备异常进行跟踪。异常数据库由一系列软件组成。它必须简明易用且 24h 无休运行，以保证运营人员和其他设施团队能够随时登录并对巡查中发现的设施异常进行更新。异常数据将和关键设备清单一起，记录于设施设备登记册中。在数据收集完成后，数据库可以生成一个简洁的报告，将需要各设施团队解决的异常情况罗列出来。这些异常情况会由参加每日会议中所有的职能团队进行讨论，同时对排除异常情况的责任进行分配。

6.7.3　设备状态展示板

为了跟踪大量设施设备的状态及其性能，并对潜在的问题予以排查，通常会使用设施设备状态展示板。展示板可以以多种形式呈现，是监控设施设备的常用方法。

为了在运营晨会时方便讨论，设备状态展示板通常安置于控制室的中心位置。运营晨会6.8节中将进行讨论。展示板包含设施特定区域内所有设施设备的运行信息，通常按设备编号列出。设备清单按重要性等级分级排列，每个项目都有一个颜色编码的状态指示栏，如：

(1) 绿色表示设备健康。

(2) 黄色表示应注意该设备的运行。

(3) 红色表示设备停止运行。

设备状态板上的内容应以日为单位进行审查，保证指标每天都能够得到调整。

设备状态展示板示例如图6.6所示。

设施设备状态板									
热交换器				泵					
区域1	状态	区域2	状态	区域1	状态	区域2	状态	区域3	状态
X123		X142		P112		P131		P150	
X124		X143		P113		P132		P151	
X125		X144		P114		P133		P152	
X126		X145		P115		P134		P153	
X127		X146		P116		P135		P154	
X128		X147		P117		P136		P155	
X129		X148		P118		P137		P156	
X130		X149		P119		P138		P157	
X131		X150		P120		P139		P158	
X132		X151		P121		P140		P159	
X133		X152		P122		P141		P160	
X134		X153		P123		P142		P161	
X135		X154		P124		P143		P162	
X136		X155		P125		P144		P163	
X137		X156		P126		P145		P164	
X138		X157		P127		P146		P165	
X139		X158		P128		P147		P166	
X140		X159		P129		P148		P167	
X141		X160		P130		P149		P168	
绿色		正在运行							
黄色		小问题-监测中							
红色		暂停服务							

图6.6 设备运行状态展示

6.7.4 "运营会议"

为了确保运营、维护和FI&R各团队保持一致，并促进信息共享，注重异常数据等，需要将团队召集起来，以会议的形式进行讨论。通常这样的会议会在设施的中心位置举行，例如运营控制中心。它通常被称为"运营会议"，在早晨举行，以便所有团队能在对前一天班次工作内容透彻了解的基础上为当天的优先事项做好准备。

运营会议涵盖了许多议程要点，但在完整性管理方面，它侧重于设施的运作方式以及需要采取哪些行动来解决运行异常和其他相关问题，例如安全和资源等。在此会议中，各团队成员应仔细审查设施夜班期间新发现的设备异常、对排除这些异常的责任进行分配，并跟进已经记录在册的运行异常情况。

设施设备状态展示板可以放置于运营控制中心中，作为运营会议的信息来源。在会议期间，展示板内容将根据维护、FI&R和运营等各个设施团队的更新进行相应的审查和调整。此外，设备异常情况也将在会议内更新。

一般情况下，运营会议的议程可能包括以下内容：

(1) 查看操作日志。

(2) 审查生产目标。

（3）设施设备性能概述。

（4）关注关键设备的性能。

（5）审查新发现的以及现有的设备异常(根据异常数据库生成的报告)。

（6）审查和更新设备状态展示板。

（7）公布维护工作状态(由于工作移交而产生的新任务、未完成任务的延续以及部分任务的延迟)。

（8）对可以进行改进的部分予以审核。

6.7.5　设施异常管理

图6.7展示了典型的异常管理流程。管理的第一步是识别设施中的异常情况。大体上来说，运营人员会在他们的监督巡查中对负责区域的所有设施设备进行检查，并将其运行条件与设备维护运营卡(EMOC)上表明的内容进行比较。在这个部分，他们的工作主要是识别异常情况。发现设施运行存在异常后，运营人员会将异常情况记录下来，上传到运营控制中心的异常数据库中。

在这之后，应对异常情况进行管理。作为异常数据库的输出，运营监督员将发布过去24h设备异常活动的报告，为运营会议做好准备。运营会议应对每个异常情况进行审核，并制订优先级、划分排除异常的责任人，最后推动异常排除工作的完成。一般情况下，担任异常排除的工作人员都是维护团队的维护技师。

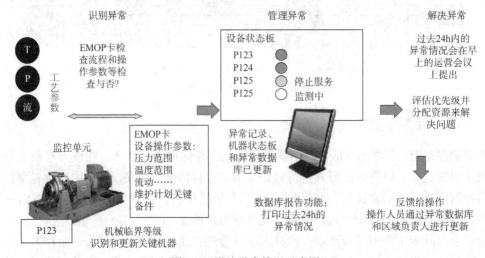

图6.7　设施异常管理示意图

这两步完成之后，应着重于异常情况的排除。通常，根据排除所需要的资源，异常情况常可作为工作请求更新到CMMS中。

有时候，会在短时间内发现大量的异常情况，特别是运行数据可视化、巡查和对异常情况进行识别这一新举措刚刚开始进行时。处于这种情况时，可以任命一个专注于排除设备异常的小型专门团队。这种任命小型专门团队的增值策略可以作为临时安排应用，直到异常数量减少到可管理的水平。

在设备异常得以排除之后，故障的上报人应对其进行检查。检查确认无误即任务异常排除完成，异常数据库中对于此异常情况的记录随即更新为已排除状态。异常记录将与排除细节和对上报人的反馈一起更新。为了设备历史的可追溯性，确保设备异常在数据库中以正确的方式显示排除是很重要的。异常记录是设备历史的重要组成部分，因此必须在 CMMS 中进行更新，以保证设备历史记录的完整。

图 6.8 是一个常见异常数据库界面的截屏。该数据库的界面设计简洁，右侧有一个设备选择栏。选择设备后，可以看到该设备的基本信息、其发生异常的简要历史记录，以及相关注释。

数据库还可提供一系列简单易用的基本报告，其中包括按时段显示设备异常数据以及设备运行历史的数据概览。这些报告可以在运营会议期间作为议程项目使用，对设备异常状态的审查起到促进作用。

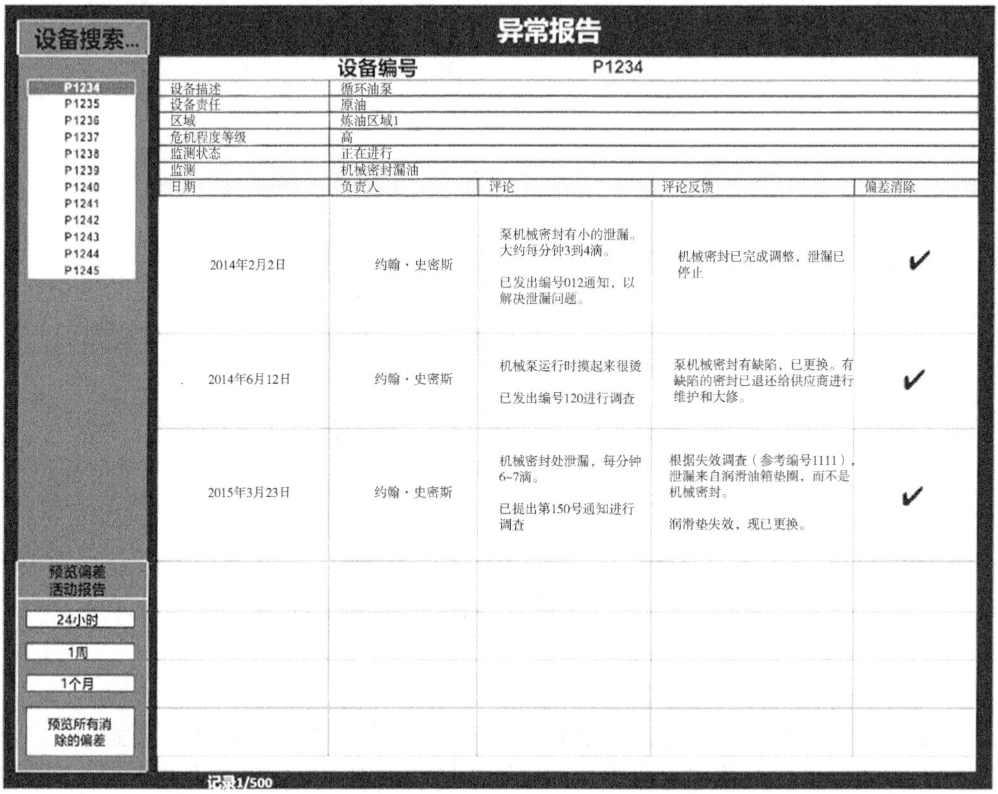

图 6.8　设备异常数据库截图

6.8　设施异常流程的管理

图 6.9 显示了一个简化的工作流程，详细说明了设施异常的管理。它是图 6.7 的扩展。这个流程以通过运营人员监督巡查发现设施异常为开始。需要注意的是，异常的识别也可以通过维护团队来实现。事实上，我们希望异常的识别和上报这一步骤可以由状态巡视或其他设施团队，包括设施管理和承包现场工作的第三方团队来完成。这样的工作氛围可以帮助我们在整个设施中推动以风险控制为中心的企业文化。异常排除流程是实现这一目标的关键因素，因为它可以使员工们对设备是否正在正常运行有所了解，并有机会通过集体努力来解决出现的异常。

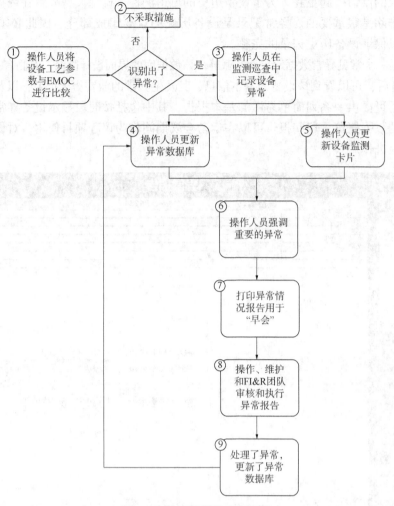

图 6.9　设施异常管理的流程

一旦有运行异常被发现，它们就会被记录在异常数据库中。根据设施管理团队的偏好，记录活动可以由设施中的某些团队指导，例如维护或操作，也可以由设施中的所有团队执行。登录人员的可追溯性可以通过为数据库开发一个登录用的用户标识符来实现。为了确保大家在数据库中对异常情况进行更新时有统一的质量标准，必须确保设施团队在异常管理流程和数据库系统部分得到充分的培训。

在这个工作流程中，将继续根据关键性对设备异常进行优先级排序。由于每个异常都与设施设备相关联，因此分配优先级的直接方法之一就是采用相关设备的关键性等级，而不是异常的严重程度。但是这也取决于设施的具体情况。

接下来的重点是异常的排除。在晨间会议期间应对每个异常进行讨论并分配资源以协助排除。讨论的顺序以关键性为准。异常排除后，上报人对现场的检查和确认是非常重要的一步。完成这一步骤后，异常即可认为排除。相关责任人完成文件签署后，即可在异常数据库中对此情况进行更新。

7 设施完整性支撑条件

7.1 引　言

前文已经介绍了设施完整性卓越标准模型的设施部分，其中包括维护、运营和FI&R。在第7章里，将介绍FIEM的第二部分，即达成完整性条件的支撑流程。达成完整性条件的支撑流程是FIEM和设施完整性管理规划的重要组成部分。它可以将FIEM各核心部分融合在一起，其中包括设施人员和与设施相关的技术要素。达成完整性条件的支撑流程包括五个关键部分：变更管理、质量保证、故障报告、知识管理和管理评审。

为了能够有效地运作，FIEM的完整性支撑流程必须能够相互兼容。信息必须能够不受任何约束或阻碍，按照预期在各种FIEM工作流程之间自由流动。因为FIEM需要不断更新的最新信息才能够正常运行，确保众多FIEM工作流程之间的信息流清晰且稳定是非常重要的。

信息流可以有很多种形式，比如人际互动或电子信息。信息流在团队间的合理流动能够帮助提高设施团队间的协作，并在此过程中打破造成筒仓式模式的条件。

7.2 变　更　管　理

如果现有设施设备和系统被以不受控制的方式进行了变更或修改，将会面临潜在的完整性故障。关于这种不受控制的修改可能造成的严重后果，可以参考2.6.1节中的案例(康菲石油公司亨伯炼油厂)。亨伯炼油厂爆炸的主要原因之一，就是变更管理(Management-Of-Change，简写为MOC)的流程不当。

MOC流程的主要目标是确保不会将意外的新风险引入设施，并且不会对当前的风险状况产生不利影响。变更管理规定了在设施进行变更前进行的评估，以及变更批准的标准。MOC还提供了一个记录设施中所有变更的工具，并对审查和批准变更作出了要求。毕竟，在确保所有变更都能够按照设计安装、原有设施设备的运行不会产生风险或受到影响后，安全可靠的运行这一目标才能实现(图7.1)。

MOC过程提供了一个控制屏障(图2.5)，以进一步帮助设施对抗各种潜在的完整性故障，包括设计不良或不当、错误的施工标准、不适用的建筑材料、执行不力等。

MOC过程也适用于设施团队。这是因为设施完整性组织的变化可能会对设施的完整性产生不利影响。例如，如果新设备或专业设备被引入设施，就会有不同的资源需求。如果能够确保完整性组织遵循MOC流程，将对工厂在能力和产量方面达成设施完整性标准更有信心。

MOC过程通常涉及设施中的以下变更：

(1) 设施流程设计的变更。

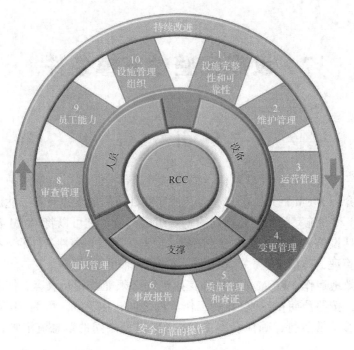

图 7.1　支撑：变更管理

（2）新设备和系统的引进。

（3）现有设施设备与新设施设备的结合。

（4）影响当前设备和系统的设计、设施运行的变更或新的维护任务。

（5）现有设备的报废或停用。

（6）设施组织的变更。

任何变更对设施完整性产生的潜在影响都必须对设施相关团队进行详细且充分地传达。该传达过程应做到可追溯，且责任划分清晰。对 MOC 流程的管理应及时、有效。

"变更管理"中的"变更"指的是一个机构的所有变更。由于变更的规模和复杂性可能相差甚远，因此很难用一个单一的 MOC 程序来管理。但无论如何，所有变更都应遵循相同的审核和批准流程；尽管如此，根据变更的潜在影响和紧迫性，审查和管理批准的程度可能会有所不同。每个变更需要的评估和批准程度都不尽相同，这就要求 MOC 流程必须灵活有弹性，以便使每个变更都能得到处理。这可以通过对变更进行分类，以及通过评估将其划分入适当的审查和批准级别来完成。

7.2.1　变更的类型

需要注意的是，和所有能在设施上看到的硬件变更一样，所有可能对设施的完整性产生影响的变更都必须列入 MOC 流程。因此，可以将变更大致归类如下：

（1）硬件(及软件)变更。

（2）设备变更，包括材料或设备规格的变更。

（3）与设计意图有偏差的变更(与设备原设计内容不符的项目)。

（4）现有设备供应商的变更。

（5）对安全系统的修改，如对保护系统的修改。

（6）新安装的设施，及其与现有设施的联系。

（7）维护活动的变更。

（8）技术进步引发的变更。

（9）与设施流程相关的变更。

（10）设施工艺原料的变更。

（11）设施工艺设计的变更。

（12）运行范围的变更。

（13）组织变更。

（14）当前工作角色和职责的变更。

（15）组织结构的变更(增加新职位或取消现有职位)。

（16）文档变更。

（17）对计划、流程和图纸等的变更。

（18）设备或材料标准和规范的变更。

（19）运行范围的变更。

（20）新法规的颁布以及适用条例的变更。

以上归类并非详尽无遗，只是为了提供一个准则，说明 MOC 过程必须处理的一些不同类型的变化。关键在于使大家明白，变更管理还会涉及设施硬件变更之外的许多方面。

7.2.2　变更工作流程的管理

MOC 工作流程如图 7.2 所示。基本上，该流程包括以下小节中描述的主要步骤。

7.2.2.1　确定变更的必要性

对变更识别的需要可能来自许多不同的因素，可以参考 7.2.1 节中列出的变更类型对其中的一些进行直观地了解。它们包括必须与现有设施结合的新项目、组织结构的变更、为改善流程而引入的新技术等。

7.2.2.2　准备 MOC 提案

为了能更详细地对变更有所了解以便对其进行适当评估，变更发起人必须制订详细的提案。该提案须包含有关变更的综合说明，包括当前状态的情况、变更背景的说明以及变更操作的详细信息。MOC 提案采用结构化文件的形式，应涵盖以下关键主题：

（1）变更的详细说明，包括如管道和仪表图（Piping and Instrumentation Diagram，简写为 PID）、布局图、相关计算、技术设计基础等相关文件，这些文件应能对所有技术要素及其基本原理作出一定程度的说明。

（2）存在或可能存在的健康、安全或环境（HSE）影响，包括已经进行的 HAZOP 或 PHA 研究。

（3）流程更新，包括运营、维护和 FI&R 流程的更新。

（4）培训需求。

（5）设施资源和设施组织的变更。

（6）有关变更的沟通计划——如何将变更情况通知给设施组织。

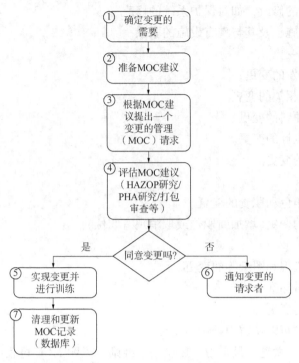

图 7.2　变更管理工作流程

7.2.2.3　MOC 请求的提出

MOC 软件和提供 MOC 提案的结构化审查和批准流程均可提出 MOC 请求。当 MOC 请求由后者提出时，需要举行对变更进行介绍、讨论和批准的会议。该会议应由多部门参加。MOC 系统的关键要求之一是对变更进行全面跟踪，以便使所有变更进展顺利并保证实施过程严格遵循经过审查的设计要求。

MOC 跟踪系统还能够确保 MOC(包括工艺试验等临时 MOC)以极高的完成度完成，所有工作项目的责任分配都很明晰。MOC 跟踪系统的主要目的是确保 MOC 流程不会在进程中丢失，且能够依照计划完成。

7.2.2.4　MOC 提案的评估

对 MOC 提案的评估应由持有相应资格的设施人员和相关技术学科的代表一同进行。MOC 提案的评估可以采取独立审查的形式，也可以通过适当机构代表的跨部门讨论进行。评估应从完整性、准确性以及对各种假设的证实来对 MOC 提案进行评估。评估的范围必须确保能够囊括变更可能造成的所有影响，此外，流程中变更部分与其他设施流程及系统的所有接口也需要进行排查和评估。

7.2.2.4.1　过程危害分析

在某些情况下，可以使用特定工具来评估设施中的过程危害。在石油、天然气和石化行业中，过程危害分析(Process Hazard Analysis，简写为 PHA)是广泛用于评估过程危害的工具之一。PHA 用于识别、评估和控制设施中的重大危害。这些危险有可能导致爆炸、火灾和有害物质的释放。

PHA 采用结构化和系统化的方法来分析过程中的危害，通过部署多学科团队对危害分析的结果进行严格的审查和记录。PHA 报告是设施运营、维护人员以及设施应急计划的培训基础。

通常，PHA 会在新设施安装、现有设施周期性审查，以及现有设施退役期间使用。周期性审查通常每隔 2 年或 5 年进行一次，主要是对整个设施做出评估。其审查内容包括自上次周期性审查以来所做的任何修改。新的设施 PHA 将成为基准，作为未来周期性 PHA 审查的基础。

PHA 流程包含以下关键步骤：

（1）过程危害的识别。

（2）过程危害的后果分析。

（3）过程危害的评估。

（4）对危害控制提出建议。

7.2.2.4.2　MOC 优先排序

FIEM 的基本原则之一是保证珍贵的设施资源能够做到按需分配，这一点在 MOC 中也不例外。优先权的分配也包括所需资源的审查和批准。例如，优先级最高的 MOC 可能需要设施管理团队的批准，而优先级较低的 MOC 可能由设施区域管理部门进行批准。MOC 提案的优先权会在评估阶段进行分配。尽管有许多方法可以用于优先权的分配，根据相关风险等级进行的分配往往较为实用。

7.2.2.5　MOC 的实施

MOC 必须在经过评估和必要的修正后按照协商结果实施。这个流程重要且必要，因为 MOC 在实施过程中产生的任何偏差都可能导致变更内容受到影响，从而产生无法预料的风险。变更内容实施过程中，任何与原设计或规程不符的情况都应受到重视，同时进行进一步审查。此外，MOC 提案文件也应针对这些情况进行更新。

7.2.2.6　MOC 安全启动

一旦符合批准要求的提案成功实施，设施或设施的一部分就可以重新启动了。但是，由于设施已经发生变化，因此必须启用一个流程来确保设施能够安全启动。

执行启动前安全审查（PSSR）流程是实现设施安全启动的方法之一。在 6.2.1 节中对这个流程进行过讨论。采用类似流程的目的是为了确保设施组织能够按照设计完成更改，并保证更改内容符合相关的规范和标准，从而使设施的完整性在更改完成后不受影响。PSSR 的内容还囊括了员工培训以及相关规程和操作说明的更新。

7.2.3　更改的完成以及 MOC 记录的更新

一旦更改实施并在 PSSR 之后启动了设施，则视为 MOC 完成。在 MOC 完成后，相关文件需进行更新，并有可追溯的责任人。与 MOC 相关的设施人员必须对变更内容有所了解，同时应针对变更内容对员工进行培训。完成这一系列流程后，MOC 跟踪数据库即可关闭。在 MOC 进行的整个流程中，应保证 MOC 记录的准确和全面性。这样，在日后设施有其他变更和改进时，才能够查询到准确的设施历史信息。

7.2.4　设施 MOC 执行步骤

MOC 包括了设施的临时或永久性变更，其中包括可能对设施完整性或公司业务目标产生不利影响的设备、软件、材料、人员和程序等。MOC 能有效地将所有变化归置于风险评估流程之中，而风险评估流程应由具有适当资格和经验的人员执行。

为达到管理 MOC 流程的目的，MOC 的执行步骤必须全面和清晰。执行步骤用于提供执行上的指导，以使影响设施完整性的所有变更都能得到合理的控制和记录。所有设施团队都必须对此步骤非常熟悉，并在工作中严格遵循其内容。

步骤明确规定了审批流程和审批人，并制订了相应的措施，以保证变更的实施能够按照规划进行。所有 MOC 的相关文件，如图纸、过程、研究等，都应按照步骤要求记录在案并妥善保存。

MOC 的执行步骤将设施的安全启动包含在变更的实施阶段中。这样做是为了使流程完整化并提高变更的可靠性，即再次确认了该变更内容的执行是否依照了 MOC 提案中的设计和批准内容。

MOC 执行步骤的主要目标如下：

（1）保护设施设备和系统的完整性，使其免受未经授权的更改的影响。

（2）对所有设施变更进行记录，做到变更记录可跟踪、可查证。

（3）确保设施中制订、审查、批准和实施变更的过程稳定顺利，并尽可能具有成本效益。

MOC 执行步骤的目的是为了在设施的使用年限内对其所有的变更进行管理。在 MOC 的执行过程中，应注意保证所有设施团队都能对其步骤有深刻的了解和认识、能够依照其要求进行工作和沟通。执行步骤的修改也应经过同样严格的 MOC 规程。

7.2.5 变更管理的培训

变更管理会对整个设施组织产生影响。这是因为变更可能对所有设施团队（包括操作员，维护技术人员，检查员，工程师等）的工作产生影响。因此，必须制订合理全面的员工培训计划。

MOC 培训计划的目的是加深设施团队对变更内容的了解，以及不遵守 MOC 流程可能会产生的严重后果。在进行了初步 MOC 培训后，每位员工还应该参加复习培训，以便在适当的时间内对 MOC 的关键原则进行复习，以加深印象。

7.3 质量保证和审查

7.3.1 简介

在 FIEM 的背景下，质量在与设施完整性管理相关的每一个要素中都起着关键作用。质量管理是一个多维度的概念。除了与符合公司销售和客户要求的产品质量有关以外，它还包含维护检修的工艺质量、工作流程的质量、检查的质量、培训的质量等（图 7.3）。

7.3.2 质量管理系统

质量管理系统（Quality Management System，简写为 QMS）的重点是实现质量方针和质量目标，以满足公司和顾客的要求。在设施完整性组织中，QMS 的具体表现是为成功实现设施的质量管理而需要的各项政策、程序和流程。

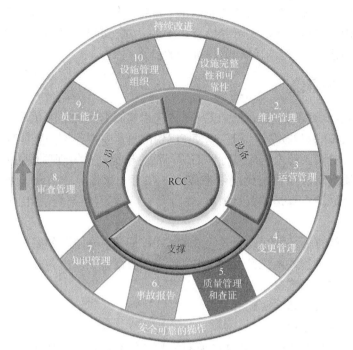

图 7.3　支撑：质量保证和审查

在设施内进行的所有工作，包括资本项目、维护、工程设计、流程规程，以及原料和最终产品，都应遵守 QMS 的要求。对公司质量管理系统管理和实施的忽视，将会为设施完整性管理系统埋下隐患。

质量控制不佳会导致整体运营成本增加；当然从另一方面来讲，如果售出产品回报不理想，过度强调最终产品的高质量也没有意义。所以，产品质量等级必须与成本保持平衡。维持产品质量水平的成本较高，因此必须进行预算。目标是在设施内以最低的成本达成最适宜的质量水平。

质量管理系统还可以使设施日常运作的透明度增加。透明度增加的好处很多。QMS 能够对每一个设施团队，包括第三方承包商和供应商的当前表现进行评估，其目的是确保持续的高质量工作，最终提高整体工作表现，并为遵守法律要求以及 ISO（国际标准化组织）[25]等机构的监管提供坚实的基础。作为 FIEM 的基本要素，质量管理必须有效完成。

质量管理包括质量控制和质量改进。整体来看，质量管理在 FIEM 的持续改进原则中起到了不可或缺的作用，每个 FIEM 要素都与之息息相关。有效进行质量管理的先决条件是稳定合理地查证和审核工作流程。

7.3.3　维护工作的质量管理

质量管理在维护工作中的特殊应用是一个值得花点时间来进行研究的项目。这是因为不符合相应质量标准的维护工作很有可能导致设备过早出现故障，并使平均无故障时间（MTBF）缩短。当使用正确的方法和适宜的消耗配件及备件材料进行维护时，设备能更有效地履行其预定的职责，从而以更长的 MTBF 运行。维护工作的质量管理包括在每个维护任务完成后检查设备是否符合其设计规格、维护工作是否正常进行。

在这一过程中，应确保维护团队的操作符合维护工作应遵守的书面规程和步骤。这些规程包括对某些关键操作是否正确进行的检查。例如，对已安装垫片规格进行的检查和确认，对螺栓扭矩进行的检查，以及对结构材料进行的检查。

7.3.4 查证和审核

质量查证是验证 FIEM 过程一致性以及评估流程实施情况的必要手段。其重点是针对设施完整性制订和实施稳定的审核计划，以使 FIEM 的每个要素得到完整体现。

质量管理项目负责人的人选应进行仔细的评估。毕竟如果管理项目的人员不称职且毫无经验，再完美的质量审核项目也无法带来成效。在第 8 章将对能力和设施组织进行详细讨论。查证和审核计划的指南是 ISO 19011：2011[26] 的重要组成部分。FIEM 查证和审核过程的主要目标如下：

（1）制订并实施查证计划，以有效完成 FIEM 查证和审核流程的要求。

（2）保证设施质量管理系统目标符合 FIEM 流程及系统。

（3）使质量问题受到重视，并提出改进建议。

（4）为推动持续改进奠定基础。

7.3.4.1 查证计划的制订

查证计划的目标是保证构成 FIEM 的所有流程都能有效地发挥作用。它为设施完整性流程的查证提供了一种结构化的方法，并能够帮助对合规性问题和改进的机会进行识别。

查证由受审核方和审核小组举行的介绍会启动，其范围和目标将在这个会议中提出并进行讨论。查证的具体执行遵循预先制订的查证清单。具体的执行可由单独审核员或审核员团队根据审核范围进行。具体的查证活动应依照审核清单系统进行。在查证过程中发现不合格项或者能够改进的项目时，应对纠正措施或实际情况进行记录。随后，应为纠正措施分配责任人并划定解决时限，保证问题得到尽快解决。

查证结束后，受审核方和审核小组应召开结束会议，对查证结果进行讨论。结束会议完成后应尽快发布详细的查证报告，主要用于纠正措施和改进机会的讨论。

查证可分为外部查证和内部查证。外部查证由审核组织之外的独立机构进行。外部查证一般是面向公司股东的报告以及公司合规情况的说明，通常涉及国家或国际标准和法规。外部查证每年进行一次，其形式较为正式，会对被审核系统的各个方面进行查证，没有任何限制。

内部查证则侧重于设施组织内部的活动，主要向设施管理层报告组织内部活动的情况。因此设施管理团队需设定内部查证的审核目标和范围，以保证对某些重点领域的关注程度。

内部查证是一个非常有用的工具，可以很好地对包括风险管理流程在内的很多流程进行审核和改善。内部查证还可以对设施工作流程的运行有效性进行审核，以保证流程运行正常。内部查证的类型很多，这些不同类型的查证开展相对频繁，如以季度为间隔进行。

7.3.4.2 质量不合格情况

在查证期间，如有发现不符合公司标准、法规和设施流程的情况，应尽快将这些问题解决掉。为使不合格现象得到有效处理，所有与不合格现象有关的问题都必须由有相关能力和经验的工作人员进行处理。如果出现重大不符合规定的情况，应向研究特定标准的专家咨询。

7.4 事 故 报 告

已导致或可能导致设施人员受伤、设施受损的非计划事件称为事故。除非确定并纠正造成事故的根本原因，否则事故和潜在事故(未遂事故)将再次发生。通过对所有事故和潜在事故进行彻底调查和汇报，可以不断提高设施的性能，从而使完整性性能和安全性能产生阶段性的变化。

正如前文所述，事故是指已经发生的、阻碍完成某项任务的非计划性事件，人们往往不希望它发生。因此，事故汇报也应包括潜在事故和未遂事故。事故是可以预防的，通过对事故的汇总并详细追查其发生原因，可以防止它们的再次发生(图7.4)。

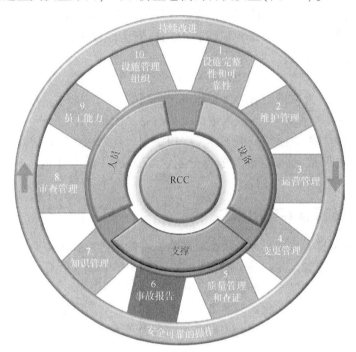

图 7.4 支撑：事故报告

7.4.1 未遂事故

未遂事故指设施内可能发生事故但对设施人员或环境没有实际伤害，或设施没有损坏的情况。以下情况均属于未遂事故范畴：

(1)(除最后一道保护屏障外的)保护屏障失效(图2.5)。

(2)不安全的环境，如湿滑的人行道或松动的扶手。

(3)不安全的行为，如穿戴不正确的PPE进行维护工作。

(4)使用不安全的工具或设备，例如使用有缺陷的工具或没有经过认证(认证过期)的设备进行维护操作。

(5)设备超范围运行(图6.3)。

(6)流程控制不当。

推动设施组织对未遂事故进行识别和报告是朝着以风险控制为中心的企业文化迈出的重要一步。通过这种方法，可以让设施完整性和安全性这一重要命题以天为单位在各团队间反复强调，从而推进企业文化的建设。

7.4.2　事故

前文已经将事故定义为已导致或可能导致设施人员受伤或设施损坏的意外事件。因此在事故发生后，现场人员必须迅速对事故进行上报，以尽量缩短反应时间，使医疗服务或紧急应对措施迅速到位。

公司的在线事故报告系统是常用的事故报告平台，该系统能够正确地确定事故(未遂事故)的优先级，并对事故进行跟踪。事故报告系统从信息源头——事故报告者那里获取重要的第一手信息。这些信息将通过适当的渠道进行反馈，保证事故能够得到合理的处理。对于严重事故，还应根据其性质向设施管理团队和(或)安全经理进行上报。所有事故的上报应在事故发生后的 24h 内完成。

为设施组织制订和实施符合 FIEM 的事故报告流程非常重要。该流程应对事故和未遂事故的报告、调查过程、采取措施和后续跟踪进行明确的要求。此外，为了能够进行合理的资源分配，在这个流程中，每个事故或未遂事故都应完成优先排序。

事故报告流程应与根本原因分析工作流程相结合。有关这个部分请参考图 4.14(事故调查表)。这是为了对事故和未遂事故进行分析，以了解其根本原因，从而防止它们再次发生。

7.4.3　事故和未遂事故的报告

设施中发生的所有事故和未遂事故都应在在线事故报告系统中留下记录。所有事故都需配备相应的事故调查报告，尤其是可能会造成严重后果的事故。所有设施工作人员都必须了解并熟练地使用在线事故报告系统或类似工具进行事故上报。

在事故上报后，必须根据收集到的事实和准确信息，对所有事故进行彻底调查。为了使事故调查的方法一致，可以根据图 4.14 中的故障调查矩阵，以将事故纳入不同的事故优先级。

利用在线事故报告系统对事故进行分析，以对设施的发展趋势做出判定，是一个值得花费时间和资源的方法。因为这项工作能使设施管理团队专注于各种设施流程的改进。例如，设施安全性能趋势可能反映出 PPE 穿戴不当，或者设施某些区域的设备故障可能代表特定设施系统而非设备有关的问题。

7.5　知　识　管　理

有效的知识管理系统是 FIEM 的基本要素。可靠和完整的信息为持续改进和正确的决策提供了坚实的基础。FIEM 知识管理的主要目标是确保相关设施团队的设施完整性数据(图 7.5)能够按要求进行记录、审查和更新。然后，各个设施团队之间就可以自由地就设施的完整性信息进行交流了。

FIEM 管理知识流程由许多不同的组成部分组成。首先是通过实施可靠有效的方法对完整性信息进行收集和记录。完整性信息是所有设施完整性团队有效运作的必要条件。

知识管理流程应能有效地将完整性信息传递给众多的设施团队，并从中寻求反馈。应制订沟通计划，以确保各设施团队之间的信息流清晰、畅通。

沟通计划应对详细的沟通方式，如电子邮件、会议、展示板等，以及所需的信息和沟通频率进行要求。

知识管理还必须保证为各个设施团队的数据库或文件管理系统提供可靠有效的信息存储及维护支撑。为了保持一致性并确保设施完整性数据没有重复记录，需要一个中央"主"数据库。它通常是计算机化维护管理系统（CMMS）。也可以集成设施团队的特定数据库，以更好地满足设施完整性管理系统或FIEM的特定需求。

确保根据预设的关键绩效指标（KPI）进行定期审核也很重要，它可以对设施知识管理的有效性进行监控，以保证整个设施的信息流健康。

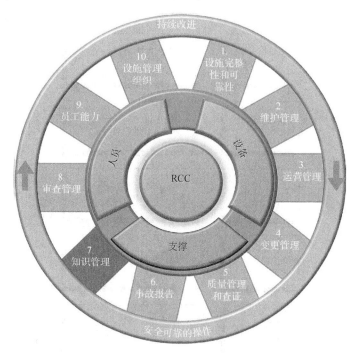

图7.5　支撑：知识管理

7.5.1　文档管理

及时有效地设施完整性文档传输和维护对达成FIEM具有非常重要的意义。这是因为设施文档的有效管理是FIEM的基本要素。从文件柜中硬拷贝文件的结构化归档到完整的企业管理系统，文档管理系统的范围涵盖设施中涉及的所有文档。

文档管理系统（以下简称DMS）对设施上所有文档的管理还包括文档使用周期内的各种操作，如文档的创建、审核、批准和发布等。有效的DMS会对文档类型进行指定，包括要使用的模板、存储要求以及每种类型文档的访问控制要求等。文档的保留和维护要求也在DMS的规定范围内。例如根据法律规定，某些文档可能需要长期保留。

设施DMS可以根据用户的需要进行订制，因此其具体内容会根据每个设施的要求有所不同。某些文件，例如法律或合规性相关文档，可能因其性质需要更严格的控制。

有效的 DMS 能保证设施完整性文档和信息可以轻松地在设施团队间完成记录、存储和共享，有助于建设以风险控制为中心的企业文化。

从本质上说，DMS 是一个能够有效管理大量数据的智能数据库。它包括根本原因分析报告、维护设备性能报告、EMOP、异常报告、OE、PSSR、检查报告等。所有设施团队及其相应系统之间都需要进行沟通，包括 CMMS、运营和生产控制系统、ICMS、MOC、异常数据库等。

图 7.6 显示了主要设施完整性数据库和文档管理系统。为保证设施的完整性，每个设施团队都需要这些数据库的帮助。因此这些信息的完整性和管理对于设施的成功运营至关重要。作为有效的工具，这些设施完整性数据库和文件管理系统对所有的设施完整性团队，包括维护、运营和 FI&R 等的工作起到了非常大的作用，也使设施完整性得到了有效地管理。

图 7.6　设施完整性数据库和文档管理系统

7.5.2　设施完整性信息流程

在众多设施完整性团队之间对设施完整性信息进行管理和控制是一项复杂的工作，需要仔细处理。许多设施完整性团队使用自动化信息工作流程对数据库或文档管理系统进行维护，以便应对大量的信息流要求。这些系统大多以"基于规则的工作流"为运行基础，这种工作流需要一组预先定好的规则来对整个组织的信息流进行管理。例如，一项维护任务的信息会在相关的团队间流通，而相关团队可能定义为生产计划运营团队、FI&R 检查团队、CMMS 工作请求团队等。

信息流中的设施数据源及数据库如图7.7所示。

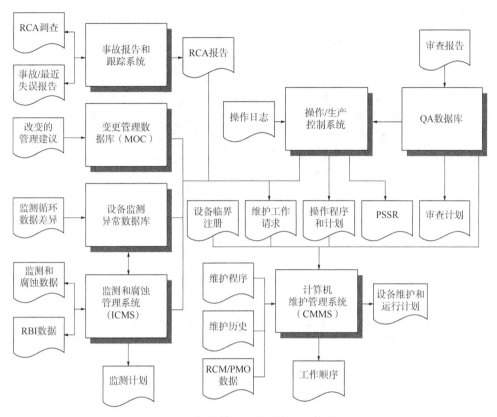

图 7.7　知识管理：设施完整性信息流

7.6　审　查　管　理

计划-执行-检查-行动的结构化方法，即为 Shewhart 循环，特别是反馈循环（即检查和行动），是取得 FIEM 成功的关键因素之一。构成 FIEM 的每个要素都应接受持续审查，并在这个过程中不断完善和改进。这么做的目的是确保 FIEM 的各个要素能够持续以最高性能水平运行。

因此需要定期进行审查管理（图7.8），以评估 FIEM 各要素的表现，从而推动实现整体的卓越。鉴于无论对 FIEM 十项基本要素中的哪一项进行审查都需要大量的工作，审查管理通常每年进行一次。

审查管理的结果将作为记录保存下来，作为 FIEM 要素跟踪改进的基准。此外，审查管理也会被用来对设施组织内采用的最佳实践及有效流程进行更新。审查管理还用于发现绩效差距或不足，并指派行动负责人予以弥补。

表7.1列出了需要审查的设施完整性卓越标准模型要素。

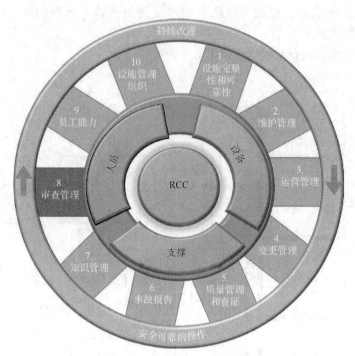

图7.8 支撑：审查管理

表7.1 需审查的设施完整性卓越标准模型要素

序号	FIEM 要素	序号	FIEM 要素
1	设施完整性和可靠性	6	事故报告
2	维护管理	7	知识管理
3	运营管理	8	审查管理
4	变更管理	9	员工能力
5	质量管理和查证	10	设施完整性组织

在进行审查管理时，也可以设计一些以指标参数为内容的记分卡。其指标可以涵盖需要审查的方方面面，甚至以风险管理为中心的企业文化在设施组织人群中实施的程度调查也可纳入其中。这可以通过开展详细的问卷调查和(或)与设施完整性组织的关键部门面谈来实现。审查管理由高级设施管理团队执行，审查团队中可能包括不熟悉该设施的第三方公司高管。为保证审查效果，审查小组的人数应相对较少。

审查管理涉及因素多、范围广、方法多，所以时间跨度较大，一般需要几天才能完成。以下提供一些执行审查管理的思路：

（1）确定设施内审查管理的范围。这可能包括设施流程的特定部分，或特定的职能小组。

（2）对设施团队提供的设施信息进行审查。

（3）进行现场调查，并对该区域正在进行的和已经完成的维护工作进行观察。

（4）评估并记录设施设备的状况。

（5）与各职能设施人员代表进行面谈。

（6）对最近的完整性查证报告予以审查，主要检查历史查证结果的执行情况和查证行动的状态。

（7）对FIEM达成步骤与流程的完整性和实施程度进行审查。

（8）出具详细说明调查结果和结论的报告，将其反馈给设施组织团队并监督其对审核发现的问题采取行动。

在审查之前，设施团队领导应该准备好一系列资料，包括与审查管理主题相关的细节，如可靠性表现的历史趋势、未遂事故、设施可用性等文件。在现场调查和审查期间，设施管理团队也应指派适当的代表在审查期间协助审查小组工作。这名代表通常是有经验的运营人员或维护技术人员。

在审核过程中，应逐步完成每个工厂完整性卓越标准模型要素的详细记分卡。具体对每个要素的评分应根据各设施的实际要求进行调整。

在这之后，应将各个FIEM元素记分卡的内容汇总到概览FIEM记分卡中。每个FIEM要素都有一个总分，记录总分的记分卡模板形式不限，但其设计需尽量简洁。分数可以以总分或百分比形式记录，但分数的总体范围应一致，以方便比较。如图7.9所示是一个典型的雷达记分卡，上面记录了FIEM每个要素的分数。这个版本的记分卡可以叠加在模型图形上，清晰地显示FIEM要素得分的阵列。

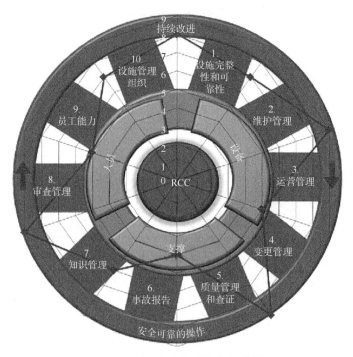

图7.9　FIEM审查管理记分卡示例1

使用雷达图的主要优点之一，是未来的审查管理也可以叠加在同一图表上。通过这种方法，可以对各审查管理进行比较，并实际查看某些领域的改进情况。如图7.10所示是审查管理结果叠加的例子。

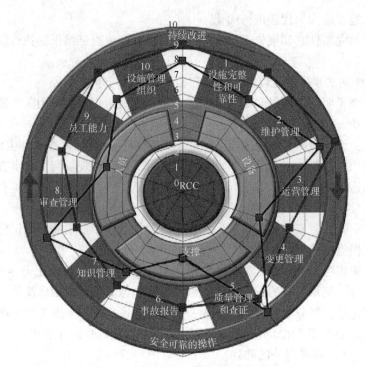

图 7.10　FIEM 审查管理记分卡示例 2

8 设施完整性组织

8.1 引　言

"员工是公司最大的财富。"

任何一个高效的设施完整性组织都拥有一支技术熟练的、能够高质量完成工作的员工团队。团队成员除了技术娴熟、经验丰富外，还须具备相当的软实力。FIEM 众多设施团队之间可靠而准确地信息交换使 FIEM 能够有效地运作，而这主要是通过设施人员之间的交流来实现的。运行中的设施是一个快节奏的环境，每天都会出现许多问题。因此，设施管理组织必须是一个能够高效合作的团队，既能设定工作目标，也能圆满完成任务。团队中的设施成员必须具备关键的解决问题的能力，以免问题累积而导致某些工作进度的延迟。在设施团队建设过程中，应着重对团队结构进行设计，防止一个大规模团队只有一个直属领导的情况出现。这是因为这样的结构往往将管理引入瓶颈，对设施的合理运营造成障碍。

创建高效率设施组织需要领导团队的认同和支持。只有获得领导的帮助，组织和团队建设才能获得资金和资源上的帮助。

8.2 员　工　能　力

忠诚、有能力的员工是设施完整性管理项目成功实施的基石。能力是指知识和技能的结合。它可以保证设施人员在面对各种情况时均能采取适当的行动(图 8.1)。无论处于职业生涯的哪一个阶段，个人能力对于设施团队的成员来说都是非常重要的。毕竟组织中的每个级别都需要相应的知识和技能。事实上，对于能力的要求不仅限于常驻设施的工作人员，也涵盖与设施相关的第三方承包商。

设施人员的专业能力包括以下关键因素：

(1) 知识。

(2) 技能。

(3) 态度。

专业能力是一项综合能力，涵盖了实践与理论知识、认知能力，以及在特定职位上将自我提升到一定程度的意愿。图 8.2 说明了能力的来源。从图中可以清晰地看到，能力是知识、态度和技能的重叠。其中的关键因素是态度，即必须要有积极吸收正确价值观和信念的态度。帮助员工树立正确的工作态度与在设施内推行良好的企业文化密切相关，其主要实现措施是加强以风险管理为中心的企业文化(RCC)的建设。

与此同时，也不可忽视作为能力基础的知识和理解力。全面的设施完整性培训计划可以在这方面起到重要作用。

为了便于管理，可以将为员工的个人能力划定等级，并将能力等级构建在人力资源（HR）开发框架中。因为各设施具体情况不同，每个设施的能力等级也不可能千篇一律，只需保证设施组织中的能力等级上下一致即可。

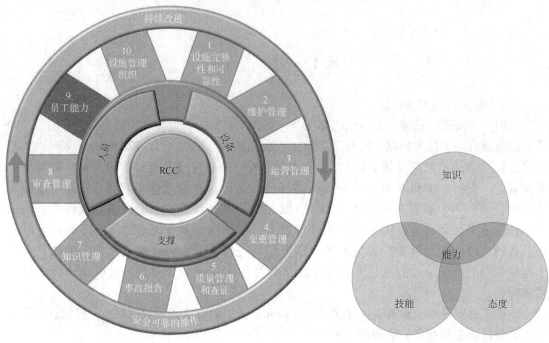

图 8.1　人员：员工能力　　　　　　　图 8.2　能力的来源

20 世纪 40 年代，埃德加·戴尔（Edgar Dale）开发了一个被称为"经验锥形"的模型[27]。经验锥形是一个非常直观的模型，能够帮助我们更深刻地了解通过视听媒体学习的本质。该模型如图 8.3 所示。

这个模型将语音和视觉接收到的信息效果与亲身参与接收到的信息进行了比较。从这个模型可以看出，人的记忆程度取决于接触信息的方式。虽然这个模型并不是通过科学研究得来的，无法作为科学数据进行使用，但它仍然可以给我们一些启发。即在进行学习时，当我们从阅读和倾听转向参与和体验，对所学内容的记忆和理解会发生阶段性的变化。

为充分照顾到学习的整体视角，可以将这一模式应用于设施完整性培训项目，将听觉、视觉、参与和体验有关的学习活动融合在一起，而不仅仅拘泥于常见的"看和听"的授课方式。这意味着，FIEM 培训项目应该将课堂学习的内容与参与和体验元素结合起来，使被培训人员能够尽可能地在实际环境中应用课堂所学，才能达到最佳的培训效果。

8.3　设备完整性组织

前文已经讨论了具有高绩效和有能力的设施组织的重要性（图 8.4），也了解到个人能力是技术知识和技能的外延。现在让我们了解一下高绩效完整性人员的关键非技术特征：

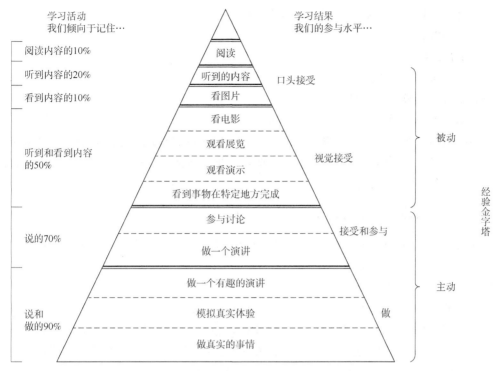

图 8.3 经验之锥

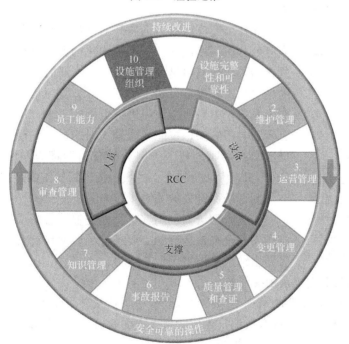

图 8.4 人员：设备完整性组织

（1）能够针对设施运行中出现的问题提出或者制订解决方案，即能作为问题的解决者而非囤积者。

（2）具有一定程度的独立决策的能力。

（3）对于自我提升和坚持学习持有较高热情。

（4）有创造力。

（5）重视风险。

（6）有团队合作意识。

（7）以持续完善自己为目标。

（8）应具备职业操守和良好的个人品德。

我们已经间接地讨论过一些培养具有这类特征的设施完整性人才的方法，比如必不可少的全面培训计划。所谓全面指的是培训计划要同时注重技术技能和软技能，将课堂内容（学）和实践内容（做）有机结合。

8.3.1 高质量员工培训

在不断发展高绩效设施完整性团队的过程中，第一个着力点应放在确定哪些技能组合是支持特定设施团队所必需的。

8.3.1.1 培训需求分析

培训需求分析包括对设施团体培训需求的识别和评估。设施人员的工作角色和责任是这个分析的基础。在此基础上，应对职能变化和技能相关的情况进行了解，以便对每个工作角色和构成工作角色的子任务进行详细分析，并对支撑相应技能的培训基础予以确定。

在对培训计划的设计和开发过程中，必须将保证培训效果的一些方法，如将"经验之锥"（图8.3）中的一些概念融合进去。

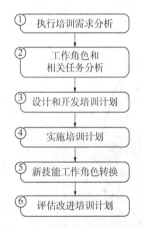

图8.5 培训计划关键步骤

此外，还应该对培训展开的结构进行一些规划。为将被培训人有效分层，培训须以一种结构化的方式进行，分为初次培训和复习培训。与复习培训相比，初次培训的内容将更深入，课程时间也更长。在进行过初次培训之后，复习培训的目的是为了满足在未来工作中对所学知识进行巩固的需求，从而使高绩效团队具有较长时间的知识技能半衰期。对新员工来说，培训还承担着协助上岗或入职的任务。因此所有培训都应与实际工作相关，将"学"与"做"结合起来，尽量保证较高的实用性。

制订培训计划的关键步骤如图8.5所示。

经过合理培训、能够对设施完整性有所了解的人员是确保设施设备安全高效运行的必要条件。要使培训合理有效，需要将很多要素纳入整体培训计划当中。

8.3.1.2 岗位职责以及相关任务

岗位职责是一项很重要的培训工作，它可以使每一位员工了解他们的工作职责和任务，以及如何更好地完成工作和更有效地排除故障。该方面的培训还应涉及健康、安全、和环保（HSE）以及如何安全地履行特定工作职责。

8.3.1.3 课堂理论培训

课堂培训是培训项目的一个重要组成部分。它提供了一个有利于学习的环境，包括教师指导、互动式研讨会、程序化教学等。课堂培训对于明确解释众多的设施程序和流程非常有用。

8.3.1.4　现场教学

现场教学是实践的元素，或者说是"做"的元素，是培训计划的一部分(图8.3)。它包括跟随或协助有经验的运营人员或维护技术员在设施中执行特定的任务。现场教学是对课堂培训的补充，它将学到的理论付诸实践，有助于巩固学习成果。

8.3.1.5　技能演示

技能演示是检验培训受训者学习效果的手段，主要考核受训者在培训期间对所学内容的吸收程度。开展技能演示时，由培训人为参训者给定任务，并对其操作进行观察，由此评判参训者的学习成果并给予建设性的意见。

除此之外，培训还应当包括对参训者的考核，以验证参训人有执行指定任务的能力。考核既可以是书面考试，也可以是技能演示，或者兼而有之。通常考核结果将由人力资源部门（HR）记录并保存。

8.3.1.6　应急响应方案

培训计划还应该包括设备在紧急情况下应该采取的处理方法或者行动方案，也称为应急响应方案。该方案通常包括以下方面：

（1）安全关闭设施。

（2）为设施操作人员提供紧急救援。

（3）与设施相关的各方(包括应急响应小组)进行沟通和协调。

（4）设施释放有害气体时的响应。

（5）设施着火时的响应。

8.3.1.7　复习培训

正如前文所讨论过的，复习培训的重点是保证高绩效团队的知识和技能具有更长的半衰期，即是稳固能力的一种方法。

复习培训的频率应根据培训的具体情况而定。所有培训都应遵循公司及法律规定。

8.3.2　培训记录的保存

培训记录应由人力资源部门保存，并包含以下基本信息：员工详情、培训材料详情、资格测试和结果，以及培训师详情等。

记录应对进行培训的类型进行标明，如具体进行的是初次培训还是复习培训，并注明培训日期。若培训为初次培训，应对即将进行的复习培训需求有所提及。

一个高质量、有效的培训计划取决于对技能和知识差距的准确识别。为了提高员工对设施完整性和最佳工作方法的全面了解，应在整个设施组织内实施培训计划。在培训计划的设置上，应对培训内容和参训人员的水平进行合理的划分，以确保培训能够真正提高员工的能力水平、满足相应设施工作的职责要求。

9 不断完善与改进

9.1 引　言

现在已经介绍了构成设施完整性卓越标准模型(FIEM)的 10 个要素，它们来自三个核心部分：设备、完整性支撑流程和人员。这些要素为卓越的设施完整性提供了基础；然而，想要实现设施完整性的卓越标准，还有一个必须具备的基本要素，那就是持续不断的完善与改进(图 9.1)。

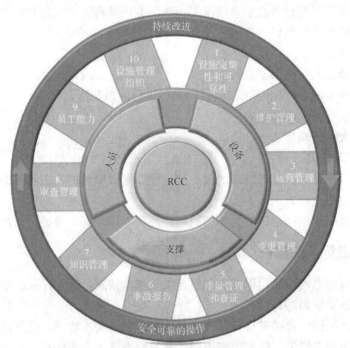

图 9.1　不断完善与改进

"无法控制的东西无法衡量，无法衡量的东西也无法控制！"[28]

性能的衡量是一项需要付出很多努力的工作，其硬软件成本高，并且存在持续性的成本投入。那么为什么衡量设施完整性的性能如此重要呢？

如果花点时间来分析性能衡量工作的好处，就会发现性能衡量其实是因为我们想知道所做事情的效果。反过来说，性能衡量的结果也可以为我们提供一个持续改进的基础。有了这个基础，就可以将自己与行业规范和竞争对手进行比较，从而对自己的情况有更深的了解。

除此之外，性能衡量还有其他的益处，包括：

(1) 为"我们现在所处的位置"提供一个基准。性能衡量使我们能够对目前所处的位置进行量化。目前的表现如何？这涉及所有设施团队，包括运营、维护、设施完整性和可靠性（以下简称 FI&R）等团队的表现。一旦有了基准，就能够制订有针对性的、适当的改进方案。量化基准还可以作为要求推进潜在改进计划的合理理由，从而帮助我们获得高级管理层的政策支持。

（2）使成就和成绩显而易见。在性能衡量结果较好时，公布这一结果可以极大地鼓舞设施团队的士气。从本质上说，这一做法可以为员工的工作灌输自豪感，有助于发展正向的企业文化。

（3）将设施组织目前的表现与共同的目标和目的进行比较。在设施组织为同一个目标努力时，通过将目前情况与目标进行对比，可以找到组织中的最佳表现者，并为他们发展职业生涯提供更好的支持。此外，通过比较，还可以对组织中需要额外支持的员工进行精准定位，并为他们提供支持。

（4）强调关键问题。用数据说话的记分卡可以准确地定位关键问题，有助于使设施组织集中精力对这些问题进行解决。

（5）一致的性能衡量标准。稳定而准确的性能衡量能够为设施运行建立强大的数据框架，使设施数据以固定的频率完成收集和分析，从而为正确决策提供良好的基础。

9.2　性能衡量概述

持续改进是指从过去的表现中学习并作出改变，以提高未来的表现。世界级标准的设施完整性组织能够有效地设定目标指标，并根据这些目标指标对设施性能进行衡量和跟踪。持续改进适用于所有的设施部门，包括维护、运营和 FI&R；以及所有的支撑部门，如人力资源（HR）、变更管理（以下简称 MOC）、财务、采购、质检、健康、安全和环境（HSE）等。

持续改进的执行是否理想取决于以下能力：

（1）选择适当测量参数的能力。测量参数与特定设施的功能和目标息息相关。

（2）从设施流程和组织中收集有力且准确的数据的能力。

（3）对所收集的数据进行处理的能力，主要是将数据进行集合、分析，以形成趋势并对关键领域进行强调。

9.2.1　完整性性能数据流

图 9.2 展示了一个用于持续完善和改进过程的设施工作流程。通过持续完善和改进的工作流程，可以定义一套关键绩效指标（以下简称 KPI）。这些指标是设施整体业务战略的具体表现，应该在设施仪表板或记分卡上予以显示。

在商业战略确定、目标获得批准以后，就可以制订符合设施实际情况的设施战略了。设施战略的时长通常以设施的使用年限为准，一般约为 25 年。在这个 25 年的设施战略中，应对设施在性能方面的总体目标和目的，如生产目标、维护预算、可靠性能、设施可用性等有所规划。这些目标和目的也应作为量化项目纳入设施记分卡当中，以方便监察。为了便于实施，25 年的设施战略通常会被转化为以 5 年为时长的运营计划，这是因为 5 年是主要设施停产的目标间隔时间。

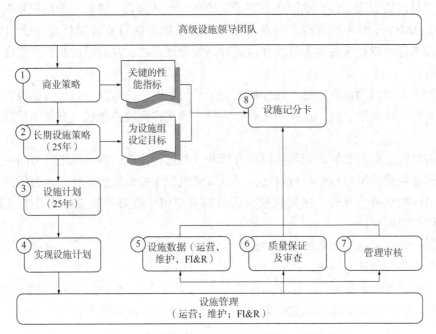

图 9.2　持续完善和改进过程的设施工作流程

现在来看看设施使用年限期间的运营。在本书前面的内容中，已经对数据收集有所提及。数据的收集来自设施主要团队，如运营、维护和 FI&R 等。典型的数据包括：技术性能数据，如 MTBF、可靠性和可用性；工作流程性能数据，如根据计划进行的设施检查、完成维护工作的效率、返工任务的数量等；人员数据，如已完成的培训等。

FIEM 的一些其他要素也可以是数据的来源，包括质量管理、查证以及管理审核。在经过整理后，这些数据将被记录在设施记分卡上。在记录了这些数据以后，记分卡可以帮助对照设施目前表现与关键绩效指标和目标的差距，从而对设施性能进行评估。设施性能的衡量涉及大量的数据，必须进行评估和过滤，才能使设施团队和管理层看到与其工作匹配的详细数据。

通过为每个设施功能和组织的不同级别设计记分卡，可以使数据和职能团队进行匹配，如图 9.3 所示。

如图 9.3 所示，通常为以下团队设计 KPI 记分卡：

（1）公司管理层。

（2）设施管理团队。

（3）设备组。

（4）设备车间。

KPI 通常由各个设施职能部门按月进行记录和评估，并将结果进行上报和公示，以便管理层审查、评价和采取行动，而下级各个团队也会根据需要做出响应。

9.2.2　"所测即所得"

"所测即所得"。这是一个有趣的短语，它表明，如果花时间对绩效进行衡量，就能有

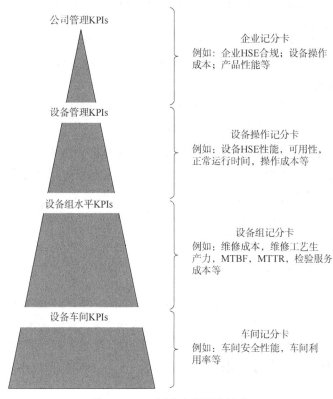

图 9.3　KPI 记分卡的层次结构

信心使工作结果达到既定目标。衡量组织的绩效是所有现代组织的标准做法。这个过程包括设定目标、绩效衡量和根据结果采取行动。

参考性较强的关键绩效指标通常建立于已经产生的数据，这种关键绩效指标被称为滞后性关键绩效指标，它们的形成相对简单。与之相反，衡量未发生数据的关键绩效指标就会比较困难，但它们有助于对未来的绩效进行预测。

在设计设施记分卡时，应将滞后和预测指标都囊括进去，这样可以从过去的经验中学习，也可以对未来可能发生的事情有所预见。

9.2.3　设置关键绩效指标

在前期花时间制作一个有效且实用的 KPI 记分卡是很重要的。这是因为记分卡需要大量的精力来维护、更新和定期报告。记分卡中的关键绩效指标将需要从各种渠道提取信息来完成，但有时，有些信息的提取是不实际或无法实现的。甚至在某些情况下，从成本角度来看，定期提取某些信息用于记分卡这一做法也是不合理的。因此，需要对哪些关键绩效指标能带来最大价值进行衡量，并将其与提取信息所需的成本和资源进行平衡。

设计 KPI 的常见过程如下：

（1）确定 KPI 和记分卡的范围，即明确要衡量的是什么？

（2）选择 KPI 所针对的组织级别。从公司团队到设施管理，再到各种设施团队（如运营、维护和 FI&R 等），组织中的 KPI 受众和其需求都存在很大差异。

（3）集思广益，筛选能够为特定组织级别增加价值的关键绩效指标，并保证滞后和预测的关键绩效指标都有涉及。

（4）建立提取和整理信息的机制，制订 KPI。通常情况下，指定一个用于从各种来源提取信息的总记分卡，并使记分卡与相应的职能团队进行匹配是很有效的。

（5）制订报告频率。

（6）对 KPI 数据的排列方式进行精心设计，使记分卡内容简洁合理。

（7）使记分卡通过相应职级代表的审查和批准。

（8）不断审查记分卡的范围，以确定 KPI 是否仍具有相关性和附加价值。

设施完整性记分卡应对 KPI 进行合理布置，以使设施过程中用于性能描述的 KPI 的"结果"，如平均故障间隔时间（MTBF）、可用性、正常运行时间等一目了然。同时，它还可以衡量设施组织在执行设施相关活动或"内部"工作流程时 KPI 方面的情况，例如维护任务计划与实际执行的合规性、设备大修的返工等。

9.2.4　设施完整性 KPI

设施完整性 KPI 由众多设施完整性团队制订，并由设施管理团队批准。KPI 应根据每个设施的具体要求进行调整，以增加其价值。如果回顾一下 FIEM 的关键目标，就可以更好地理解和选择衡量设施完整性的 KPI。在第 1 章中讨论过，设施完整性管理应该：

（1）最大限度地提高设施的可用性。

（2）为设施提供完整性保证。

（3）指导具有成本效益的设施完整性运营。

这意味着设施的运行应严格按照要求，设施团队（维护、运营和 FI&R 等）和支撑流程应始终高效运作，所有资源都得到优化，并且最大限度地降低成本以及妨碍完整性的故障的发生。

现在，记分卡所需要的特定完整性 KPI 类别就可以确定了。该记分卡可用于有效地对设施完整性性能进行测量。

9.2.4.1　最小化成本 KPI

使成本最小化是指尽量使用最小的投入达到最佳的设施完整性性能。如果不对设施完整性管理的成本进行有效管理，且不注重成本，很容易就会导致设施经济困难。另一方面，设施可用性也无法通过这种浪费的方式达到 100%。然而也不能完全不花——如果不在设施完整性管理上花钱，就不可能开展完整性工作，设施的运行就会停止。

9.2.4.2　完整性活动 KPI 的执行

设施中有很多涉及内部绩效指标的完整性活动，KPI 用于描述这些活动的执行情况。从这个意义上讲，内部工作流的绩效衡量应该基于：

（1）"正确性"或执行活动的准确性——例如，工作是否已按照任务计划正确完整地执行了？

（2）"有效性"——该过程在实现其目标方面的有效性。

（3）执行的及时性——工作是否按计划执行？例如，是否按计划的时间检查已执行活动的数量。

（4）质量合规性——在完整性执行活动期间或之后是否存在任何质量问题？

（5）成本效益——活动是否以具有成本效益的方式完成？

9.2.4.3　完整性绩效 KPI

注重识别设备和系统早期故障（初期故障）的 KPI 有助于将潜在的灾难性故障扼杀在萌芽状态。完整性能 KPI 可以对设备性能不良进行提示，比如，它可以显示运行数值超过运行范围之外的关键泵的数量。以这种方式设置的 KPI 可以作为潜在设备故障的风向标。

9.2.4.4　完整性故障 KPI

与完整性相关故障的跟踪是所有设施完整性记分卡的重点。这类故障的跟踪是通过各设施团队的故障报告和跟踪系统进行的。显而易见，其目标是排除所有问题，即"零故障"。完整性故障的测量结果显示的是过去的性能指标，因此它是一个滞后指标，用于衡量过去完整性管理活动的有效性，对未来性能的发展没有太多帮助。

为了使与完整性相关的关键故障得到强调，每个完整性故障都会标有任其发展可能造成的后果。通过这种方法，哪些故障需要得到关注便一目了然了。

9.2.4.5　合规性 KPI

合规性 KPI 指根据设定的标准执行完整性活动的合规性：例如，维护任务、检查活动、根本原因分析、运营巡查等活动的准时执行。该衡量标准还延伸到对资源、材料、工具、时间和预算等项目分配的充分性和利用率的评估，以达到预设的标准。

合规性 KPI 的测量结果出现偏差，可能是由于多种原因造成的，包括计划不周、工作任务制订错误、预设标准无效或低效等。

设定合规性 KPI 的一个关键因素和难点是，指标本身不能说明设定标准的有效程度。有效度应该由设施管理团队在管理审查工作流程中进行体现。

设定合规性 KPI 也无法显示合规性分数不良的具体原因和细节。需要将合规性 KPI 与其他 KPI 进行交叉对比，才能够对设施的整体性能有更全面的了解。合理设计 KPI 记分卡，可以在这方面起到很大的帮助作用。

9.3　完整性性能记分卡

FIEM 的正确应用可以帮助企业和设施管理团队达成他们对设施完整性性能的期望。作为评估 FIEM 绩效的基础，在这个过程中所需的性能衡量标准应以年为单位进行更新和审查。这是因为，从本质上来说，构成设施完整性众多要素的环境是处于不断变化当中的。完整性性能记分卡的制订是为了对特定 KPI 进行跟踪和监控，并简明有效地完成数据的公布和上报。该记分卡通常以月为单位进行数据收集和发布。

图 9.4 是一个设施完整性卓越标准模型记分卡的例子。需要注意的是，完整性记分卡必须根据每个设施的具体要求进行订制，因此，图 9.4 仅供参考。记分卡还应包括每个 KPI 的基准目标，这个在图 9.4 中是没有的。如图 9.3 所示，应为不同的设施团队准备与此类似的记分卡。

设施完整性卓越模型记分卡	目标	1月	2月	3月
概述				
完整性事故（个）				
可用性（%）				
关键设备的可用性（%）				
运行总时间（h）				
停机率（%）				
维护功能				
新增工作订单总数（个）				
已完成的工单总数（个）				
按时完成的工单总数（个）				
总被动工单（个）				
"优先级1"工作单总数（个）				
被动工作与主动工作的比例（%）				
进度服从性（完成/计划工作订单的百分比）（%）				
未完成的工作订单总数（个）				
维修费用占设备更换总值的百分比（%）				
持续维护总成本（美元）				
故障成本（美元）				
FI&R功能				
平均故障间隔时间（MTBF）				
平均修复时间（MTTR）				
已记录故障总数（个）				
指导调查了完整的5个为什么				
进行了全面失效调查（个）				
进行的总故障调查/记录的总故障（%）				
返工事件总数（个）				
监控设备项目总数（个）				
操作				
非计划停机总操作（次）				
全面启动前安全评审（PSSR）（个）				
PSSRs/未计划停工百分比（%）				
生产损失总成本（美元）				
支持流程				
总MoC提案总数（个）				
批准的MoCs总数（个）				
逾期修改表格（个）				
已实施的总质量检验/计划的质量检验（%）				
质量审核逾期总数（次）				
培训的设备人员总数				

图 9.4 设施 KPI 一览表

9.4 完整性的性能可持续性

从设计理念开始到设施完成使命彻底报废，在整个设施的使用寿命中能否保证其运行完整性，是控制与设施完整性表现产生偏差导致风险的关键因素之一。也就是说，早在考虑设施的设计理念时，就需要对与完整性管理相关的标准和风险进行定义了。定义完成之后，就可以有针对性地为这些风险制订相应的控制措施。如图9.5显示了控制措施对设施寿命的影响。

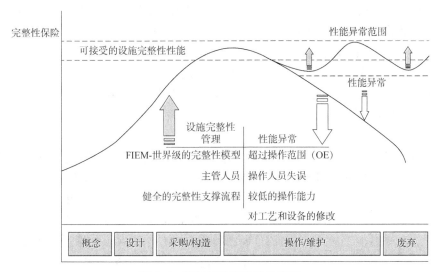

图9.5 维持设施完整性的表现

由于以下事件或情况导致的关键管理系统问题会使完整性性能逐渐下降：
(1) 运行情况不符合运行范围(OE)。
(2) 运营失误。
(3) 运营能力不足。
(4) 流程和设备的变更不受控。

对设施运行寿命控制的任何放松都会影响到为管理完整性而部署的系统、流程和资源的稳定性。正如在第2章的案例研究中所看到的，其后果可能是严重的。

在对设施进行设计时，就应将卓越标准的完整性控制纳入其中。在之后设施的每一步实施中不断完善这个标准，能使我们在完成这个标准的道路上充满信心。如图9.5中"可接受的设施完整性性能"范围所示，在完成卓越标准完整性管理的过程中，记分卡是一个重要的工具。

要将完整性性能保持在令人满意的状态，必须找出目前性能与标准之间的差距并予以弥补。在初始评估之后，设施的完整性性能将随时间的推进逐步下降，所以建立可持续发展机制以便能够持续地对现状进行评估和识别，是维持设施完整性的关键。

强大的完整性控制是维持较高水平完整性性能的保证。FIEM提供了一整套对实现性能可持续性极有帮助的方案，包括有能力的人员和以风险控制为中心的企业文化(RCC)、健全的完整性支撑流程以及为实现共同目标而努力的综合设施团队等。

10 实 施

10.1 引 言

变革是石油、天然气和石化行业生产日常的重要组成部分。回看第1章，会发现完整性管理的方法在随着不断变化的工业格局而改变。为了适应这种改变，保证设施具有卓越的完整性，我们开发了一个能够照顾到生产各个方面的模型，即设施完整性卓越标准模型（FIEM）。FIEM的实施将对设施组织和在设施工作的每个人产生深远的影响。

踏上影响整个设施组织的变革之路并非易事。为了使变革有效并被设施组织所接受，所有变革都必须从策划开始精心设计，并在后期执行时严格要求。FIEM的实施也不例外。

在设施中，任何一项重大变革的实施都将影响每个设施团队的目标和实现这些目标的方式。不仅如此，它还会影响到组织中众多设施团队之间信息分享和沟通的方式。

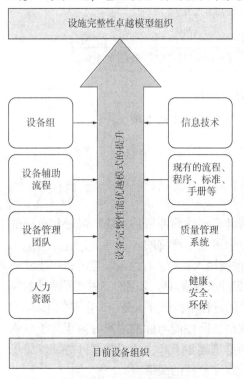

图 10.1 组织变革的影响

图10.1的工作流程中，可以看到在组织中实施FIEM期间需要考虑的一些关键因素。对设施来说，实施FIEM将是一种变革，其涉及的职能部门非常广泛，包括设施完整性和可靠性（以下简称FI&R）、维护、运营、健康安全和环境（HSE）、质量，以及设施的流程和系统，如政策、规程、标准和信息技术系统等。

要想让FIEM有效实施，需要实施过程中对发挥关键作用的责任人进行明确的指派。所有责任人的人选都需要细心考量，其对各自设施团队，如FI&R、维护、运营和完整性支撑流程等设施结构的责任也应清晰、明确。这些责任人的作用是领导各自的设施团队达成FIEM标准，并通过适当的变革管理框架推动FIEM的实施，最终实现设施的完整性目标。

高级管理团队在实施FIEM中也发挥着关键用用。高级管理层的支持是使任何重大变革举措成功的基本因素。如果设施的高级管理层不接受变革或提供支持，设施组织的其他团队也会效仿。高层设施管理人员必须"言出必行"，为整个设施组织搭建舞台。高层领导还必须为设施团队的责任人和设施组织的其他成员提供指导意见，以推动变革获得成功。

10.2　变革中的挑战

像任何其他重大变革一样，随着 FIEM 的实施，现有的设施长期运营方式将发生重大转变。这种转变会给设施组织带来很多关键性挑战，因此制订管理变革的计划是很重要的。在这里将介绍一些变革中的关键挑战。

10.2.1　所有权和责任制

与所有的过程一样，为了保证交付质量，每个任务的实施都需要有相应的责任人。在不同团队对 FIEM 目标实施时，让每个与其相关的成员明确自己的角色和责任是很重要的。除了促进现有职位角色的发展，根据 FIEM 的需要，还可能会有新的职位产生。在个人工作描述中，所有职位角色都应该有明确和详细的说明，并附有与完整性相关的具体关键绩效指标（以下简称 KPI），以保证每个工作人员都对自己的 FIEM 的责任有明确的认识。

FIEM 的实施主要由 FI&R 团队负责，其他设施团队和职能部门要对其进行辅助。在这个过程当中，团队间的支持尤为重要，只有团队间的支持到位，现有流程、规程、标准和规定才能更好地得到更新和执行。目前较为流行的管理工具是一种叫作 RACI（Responsible、Accountable、Consulted、Informed，以下简称 RACI）的图表，其字母缩写代表的具体意义为：责任明晰、查证方便、易查阅、信息价值高。RACI 可以使计划实施过程中众多参与者的所有权和责任一目了然。

在重大变革的实施过程中，部署一个过渡管理团队（Transition Management Team，简写为 TMT）是常见的做法。TMT 的任务是使变革顺利实施，在本案例中，这个变革就是 FIEM。TMT 由参与变革工作的人员组成。在 FIEM 这个案例中，已经确定的来自关键团队，如 FI&R、维护、运营和完整性支撑流程等团队的负责人，就是 TMT 团队的成员。

在实施过程中，TMT 的第一步是准备一个详细的实施计划，该计划应对变革完成的交付标准进行规定，即一项变革的关键目标是什么。通常情况下，对于重大变革，分阶段对其实施是很有必要的。

例如，以设施处理单元为单位，对实施计划的目标进行划分。这样，TMT 便可以集中精力逐个达成单元目标。在某些情况下，为了获得了解变革管理有效性的机会，需要对 FIEM 的某一特定要素进行试验。这样，FIEM 实施工作中的潜在问题就有可能在设施全面推广之前得到纠正。

10.2.2　沟通

在实施重大变革的过程中，有效的沟通是变革管理的一个关键挑战。沟通不畅很可能会导致组织对变革产生抵触情绪，这是导致变革举措失败的一个常见原因。如果设施组织没有得到通知或完全被排除在状况之外，实施计划的顺利程度就要打折扣。良好的沟通是任何一个成功变革管理计划的基本要素[29]。鉴于此，应特别注意实施工作的着陆计划。着陆计划可以包括以下因素：

（1）以通信、电子邮件、网站广播等形式在设施组织内部进行（以周或月为间隔时长的）例行沟通，使所有人了解变革计划的进展。

（2）在设施组织内进行例行报告会，为大家提供面对面交流和问答的机会。

（3）专门为变革举措建立管理网站或网页。网站或网页可以包含大量信息，方便设施组织中的人员进行查阅。此外，链接可以对展示信息进行进一步的补充，比如可以在阅读过程中通过链接获取有关新流程或系统使用的实用信息。

（4）在将 FIEM 作为重大变革的情况下，为确定设施组织的意见，也可以将面谈纳入"着陆"流程当中。这样做的好处是可以对 FIEM 的实施计划进行订制、获得大家的关注并赢得设施组织的信任；

（5）"着陆"计划还应包含实现实施计划最终目标后的表扬方式。表扬可以为推动变革发展提供必要的动力。比如在团队完成某个设施处理单元的目标后，就可以进行表扬。表扬的方式有很多，例如可以通过在公司杂志上发表文章来表扬设施团队在变革举措方面取得的成功。

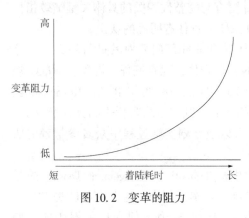

图 10.2　变革的阻力

10.2.3　变革的阻力

人员组织在设施中的早期"着陆"对于有效的实施过程是至关重要的。通常情况下，人员组织在初期"着陆"时投入的精力越少，他们参与变革的阻力就越大（图 10.2）。这通常是因为"着陆"工作不力而导致组织的参与度有限，人员因此对自己也是变革工作的一部分毫无自觉。组织内的人员更有可能认为变革举措是一种强迫性的任务，从而对其感到抗拒。

图 10.2 说明了一个关键问题："着陆"过程耗时越长、投入的精力越少，其接受者，即设施组织中的人员，就越可能对变革产生抵触情绪。

这种关系可能因多种因素而不同，如文化、组织成熟度等，因此不应仅按照字面意思理解；图 10.2 显示了与此相关的经验，表明了一个强有力且及时的变革管理"着陆"计划的重要性。

10.2.4　与现有公司流程的整合

在实施时，还必须保证 FIEM 中所有要素与现有的各种（如适用的）设施系统和流程的结合。除此之外，能够结合的因素还应该包括现有的规程、标准和规定。其目的是确保完整性管理能够自下而上地完全融入现有基础设施。

在仔细地将 FIEM 整合到现有的组织系统和流程中后，FIEM 自然成为设施实现业务目标和应对风险方式的一个组成部分。因此，实施计划应对知识的管理方面——尤其是设施完整性信息的流动，进行详细规划（图 7.7）。

10.2.5　培训的完善

在执行变革的过程中，如果有新的培训需求没有得到满足，员工就会不可避免地对变革本身产生抵制情绪。这种抵制情绪一旦产生，就极有可能发展扩散到整个设施组织中。因此，培训是在设施组织内成功实施新变革的关键因素之一。培训计划必须为满足特定设施组织的需要进行订制。

10.3　实施变革的有效模式

当今时代，变革正在成为一种生活方式。对所有人来说，如何接受这个现实，并确保有能力应对它才是问题的关键。要对变革的实施进行规划，需要对现状进行认真详细的分析，以便能够制订出针对关键问题的实施计划。这样就可以有条不紊地对变革进行管理，从而避免对现状作出肤浅的评估。在实施重大变革之前进行详尽仔细的计划，可以最大限度地降低变革执行的阻力，使变革管理计划获得成功。

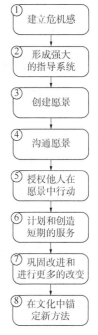

图 10.3　科特的八步法模式

许多变革管理理论都可以应用于 FIEM 的实施。其中，约翰·科特(John Kotter)[30]的变革管理理论是领先的、经过试验的变革管理理论之一。科特为引领变革开发了一套实用有效的八步法则。

图 10.3 是科特领导变革八步法的工作流程说明。

为了将重大变革成功实施，这八个步骤缺一不可。依照理论，它们应按照图 10.3 所示的顺序逐个进行。然而在实际工作中，变革的实施通常会同时进行几个步骤，甚至会因为交付压力而错过其中的某一个。问题在于，即使只错过了其中的某一个步骤，之后的工作都会变得非常困难。

在下一章节将对科特的八步法模式进行说明。

10.3.1　建立紧迫感

FIEM 的实施必须建立在各团队的优良合作之上，而建立紧迫感对于这种合作的获得至关重要。紧迫感不强往往意味着很难使具有足够权重和可信度的 TMT 组建和发展起来，就更别提实施变革措施或者让变革相关者接受和创造新的变革愿景了。更重要的是，TMT 必须是一个能力强、经验多的执行团队。如果该团队无能，跟随他们的员工数量少，变革计划成功的概率自然非常低。这就是为什么必须使用紧迫感来唤醒组织，令其中的员工相信并感受到变革的必要性，从而自发地接受新的变革。

10.3.2　组建强大的指导联盟

在变革的执行中，会需要一个强大的指导联盟来推动变革的进展，并保持势头，以确保变革举措能够得到全面实施并有效地与现有设施组织相结合。正如 TMT 团队的成员人选需要仔细斟酌一样，指导联盟团队成员的人选也需慎重选择，以便将组织内员工对上级的信任水平调整到合适的范围。这样一个团队的建立，是完成任何重大变革早期阶段所需的关键。

10.3.3　创建愿景

实施重大变革的方法很多。高级管理层往往试图通过微观管理或专制性规章在其组织中实施变革。

但事实上，专制性的规章很少能达到其初衷，因为它不可能冲破组织内的阻力。大多数时候，员工们会尽可能无视规章，或者假装合作，逐步削弱高级管理层带来的管理压力。

微观管理倒是不存在执行阻力，因为它详细规定了员工应该做什么，然后需要密切监督他们在日常工作中是否遵守这些规定。尽管这种方法可能会突破一些变革的障碍，但其执行周期之长、进行节奏之缓慢，可能会令人无法接受。

创建一个对未来的愿景，可以让设施员工切实体会到变革的好处，从而主动地接受变革。

10.3.4 愿景的传播

愿景必须被有效地传达给整个设施组织。与它同样重要的是，高级管理层对愿景的态度要一致，才能使其具有可信度——正如我们所讨论过的，设施高级管理层必须"言行一致"，因为他们必须为整个设施组织搭建舞台。

因为同一时间内可能会有很多进行传达的信息，在愿景的传播过程中，必须特别注意愿景信息不会丢失或被稀释。愿景应以易于理解和被整个设施组织接受的简单术语进行传达。愿景背后的信息也应定期重申，保证其对整个设施人群的覆盖。正如在 10.2 节（变革中的挑战）中所讨论的，这个步骤也可以通过多种不同的方法来实现。

10.3.5 为执行愿景的员工授权

授权是指与关键员工分享信息、奖励和权力，使他们能够在工作中采取更加主动的态度。它可以帮助关键员工清除心理障碍，使整个设施组织参与到变革执行的过程当中。通过对设施组织的授权，会有更多人接受变革，使其进一步深入到组织当中。

10.3.6 规划和对短期目标的设计

在开始任何一项重大的变革之前，我们都应明白，这是个需要时间的过程。通过对目标的计划并在沿途对易达成的短期目标进行设计，使设施组织可以在执行的过程中受到沿途短期胜利的鼓舞，切实看到变革正在取得成果的证据，从而坚定变革值得坚持下去的信心。从另一角度来说，如果做不到对目标的良好规划，组织员工感受不到短期胜利的鼓舞，组织内部对变革毫无信心的人就会越来越多，对变革价值的不恰当认识也会越来越深。

10.3.7 巩固改进成果，产生更多改进效果

人们已经认识到，重大变革的实施需要时间。在实施变革的过程中可能会有很多阻力，比如领导者疲于应对当前局势，或关键 TMT 成员的退出等。在这种情况下，最重要的是对易达成的短期目标进行设计，以保持变更执行的发展势头。然而，一旦失去紧迫感，对短期胜利的表扬和庆祝也可能会对变革的发展产生破坏性，为旧习惯重新涌入组织创造机会。因此，必须定期对变革执行产生的改进进行巩固，并继续按照实施计划执行工作，产生更多的改进效果。

10.3.8 将新方法锚定在企业文化中

在第 3 章详细讨论了以风险控制为中心的企业文化。文化是指一群人的行为规范和共同

的价值观。行为规范是群体中常见的行为方式。群体中的人之所以能够坚持以某种行为方式行事，是因为旧成员会向新成员传授这些做法。而共同的价值观往往会影响群体行为，即使群体成员发生变化，它也不会随着时间的推移而淡化。通常，共同的价值观比行为方式更难改变，因为它不那么明显，却更深入地植根于文化当中。当在变革执行期间处理工作的方式逐渐变得清晰，且被发现与现有企业文化不协调时，这些工作方式将面临恢复到原来状态的风险。

一旦新的工作方式与设施的企业文化脱节，变革计划就注定不可能成功。在这一步，面临的挑战是如何识别变革理念或新愿景与现有文化间产生的任何不兼容问题。在对不兼容情况进行识别之后，必须找到让新愿景扎根于旧有企业文化的方法。

10.4 变革的跟踪

跟踪 FIEM 的实施进度对于评估和了解变革工作的进展情况非常重要。同时，对变革工作的跟踪将使设施性能得到持续性的衡量，并根据实施情况对计划进行实时调整创造了机会。实施工作的衡量以实施计划为标准。实施计划应明确规定实施目标和完成目标的时间。可以根据实施计划使用简单的 KPI 跟踪表对 FIEM 每个关键要素的实施进度进行跟踪，如图 10.4 所示。请注意图 10.4 仅作参考，实际使用时，其项目内容必须根据每个设施的实际情况进行调整。在对项目内容进行跟踪时，可以使用能显示 FIEM 过程中每个要素实施进度的简单交通灯系统。

性能衡量的实施也可以通过定期的自我评估和查证等手段来实现。

设施完整性能卓越模型提升计划												
序号	设备描述	设备编号	重要等级	设备修理和操作计划（EMOP）	设备修理和操作卡（EMOC）	EMOC安装	泵底座涂漆，表示临界状态	PMO/RCM完成	FMEA研究	最优备件放置	全方位的监测	…
1	1号泵	P121	高	×	×	×	×	×	×	×	×	×
2	2号泵	P122	高	×	×	×	×	×	×	×	×	×
3	3号泵	P123	高	×	×	×	×	×	×	×	×	×
4	4号泵	P124	中等	×		×		×	×	×	×	×
5	5号泵	P125	中等				×			×		
6	…	…	…									

图 10.4　FIEM 实施计划示例

11　设施完整性策略

11.1　引　言

战略一词通常指为实现商业目标而制订的计划。在执行这种计划的过程中，需要对包括人力、财力和硬件实力等资源进行分配和优化。

在 FIEM 背景下，战略指通过优化设施资源和实施世界级标准的流程及系统来实现卓越标准的完整性。设施完整性战略还使我们认识到，与完整性管理相关的各个组成部分必须相互依赖才能取得成功，其原理是达成一定的协同作用。

11.2　完整性管理的层次性

完整性管理系统的层次结构如图 11.1 所示。在设施经理制订和实施符合整体业务战略和监管要求的完整性管理体系时，领导团队必须为其提供支持和指导。

层次结构始于完整性愿景。本质上来说，愿景是对未来想要实现的目标的高度陈述，它是决定未来行动方向的指南。愿景由公司领导团队制订。

在愿景确定之后，就可以确定业务目标，为设施的运营增加深度和方向。除愿景外，业务目标也会为设施组织确定具体的目标和重点。

FIEM 通过将形成模型的各种要素进行整合来制订战略。这些要素包括工作流程、工作方法和最终的设施规章。FIEM 原则由设施高级管理团队批准。设施策略的主要目标是：

(1) 确保与设施设备和系统故障有关的风险得到识别和适当的管理。

(2) 确保一致、有效地对未遂事故和完整性事故进行上报。

(3) 确保不对人员造成伤害、工作环境安全。

(4) 通过变更管理(以下简称 MOC)程序，对设施中的所有异常进行有效地管理。

(5) 确保设备关键性概念能够得到有效的制订、实施和管理，以及所有关键设备都能得到明确的识别和相应的管理。

(6) 确保所有设施设备都在其运行范围(OE)内运行，并通过 MOC 对所有超范围运行进行管理。

(7) 确保与完整性管理相关的工作角色和职责得到明确的界定和传达。

(8) 确保对所有设施设备故障进行彻底的根本原因分析或进行"5 个为什么"调查，并在整个设施内对所吸取的经验教训进行通报，并同时采取行动。

(9) 通过有效的设施关键绩效指标(KPI)记分卡来对设施的完整性表现进行管理。

(10) 对所有 FIEM 流程进行定期查证和审查，以便不断改进。

由于 FIEM 是从整体角度来处理完整性问题，它会涉及完整性管理的所有主要方面，包括所有的设施团队：设施完整性和可靠性(以下简称 FI&R)、维护、运营以及所有的支撑流程设施团队等。

为确保战略的实施和持续，FIEM 提供了一套完整性策略的执行工具。它包括以下关键工具：

（1）以可靠性为中心的维护（RCM）。

（2）以风险为基准的检查（RBI）。

（3）仪表保护功能（IPF）。

（4）检测与腐蚀管理系统（ICMS）。

（5）异常追踪系统。

（6）变更管理系统（MOC）。

设施完整性规程、流程和系统会为设备和系统的完整性提供有效的管理和指导。这个部分可以在如图 11.1 所示完整性管理层次的最后阶段看到。作为主要的完整性文件，这些规程与设备维护运营计划（EMOP）一起，详细说明了遵守完整性战略和原则所需的工作流程。

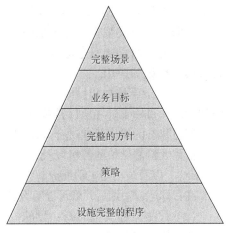

图 11.1 完整性管理的层次结构

11.3 设施完整性策略工作流程

图 11.2 是制订设施完整性策略的工作流程概览。

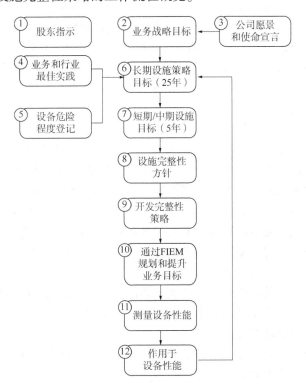

图 11.2 设施完整性策略的工作流程概览

组织管理层应为完整性管理和相关的战略业务目标确定战略方向。战略方向的确定应在与公司整体愿景保持一致的情况下由公司股东指导完成。

随后即可以设施的运行年限为基准设定设施的战略方向。通常设施的运营期为 25 年，然而在实际情况中，设施的实际运行年限远超过设计寿命是很常见的。一旦运行年限超过设计寿命，设施对 FIEM 或类似的完整性管理系统的依赖就显得尤为重要了。当做出延长设施使用年限的战略决策时，运营部门必须确信设施的完整性与其他计划的一致性。为使设施在超过设计寿命时仍能安全运行，应对其长期设施目标进行投入，包括行业内最佳实践以及设备关键性登记的应用。

25 年的运营计划和目标达成一致后，设施管理团队就能以大约 5 年的时间为范围制订详细的计划和目标了。之所以选择 5 年为时长，是因为计划会受到设施重大停机间隔时间的影响。理想状态的战略是通过合理规划，将重大停机事件的间隔时间延长到 5 年以上。5 年计划应包括重大检修导致的停机以及设施完整性的目标指标，如可用性、可靠性、平均无故障时间（MTBF），以及被动与主动维护。为了更好地实现这些目标，计划还应包括一个详细的目标清单。

在目标达成一致后，就可以对设施团队的具体原则进行制订了。一些关键政策的例子如下。

（1）设施流程安全原则：设施流程安全包括识别主要危害并制订消除或减轻危害的措施。该原则应包括设施设备的安全运行范围和相应的控制措施。

（2）设施维护原则：设施维护原则规定了如何对维护组织进行管理，以尽量降低设施设备和系统的意外停机风险。维护原则还对维持各种维护策略之间的适当平衡作出了要求，包括以条件为导向、以时间为导向和运行直至损坏（RTF）等策略。本原则是为了尽可能地优化维护资源以及关键维护备件库存，使设施的可用性表现达到"同类中的最佳水平"。

（3）FI&R 检查原则：FI&R 原则主要与检查和可靠性要求有关。在检查方面，该原则主要规定了需要检查和监测的具体设施设备、设备类型和具体检查区域的确定，以及设备的检查方式（在线或离线、侵入性或非侵入性等）和检查频率。可靠性原则主要关注整体设施可靠性的提升，具体包括潜在设备故障的识别和缓解，以及故障的根本原因分析等。设施设备数据的管理（收集、存储、更新、共享等）对于解决设备老化问题和通过持续维护延长设施使用寿命的评估至关重要。

（4）能力政策：能力政策主要关注设施组织的能力和技能。它对设施人员的技能、知识、经验和态度进行了要求，以确保完整性组织中的每个工作角色都能由合适的人员来担任。它还包括设施人员的培养需求，从而帮助设施组织持有适宜的能力水平。

在制订了设施原则之后，需要把注意力转向设施完整性战略的制订。FIEM 为制订有效的设施完整性管理战略提供了强而有力的框架，该框架囊括了所有关键完整性管理的要素。完整性战略还必须对设施完整性组织在能力和培训方面的责任进行考量，这一点在第 8 章中已经详细说明。战略制订完毕后，经过设施管理团队的审查和批准，就可以进入实施环节了。具体的实施过程可以参考本书第 10 章。

最后，很重要的一点是要确保设施性能能够得到衡量，以便使我们能够根据衡量结果采取行动。衡量是通过详细的 FIEM 工作流程进行的，包括监测 FI&R 设备趋势、异常跟踪、能力评估、管理审查和查证等方法。

所收集的数据通过设施记分卡进行汇编，并进行审查，最终采取行动。如本书第 9 章所述，它们是设施持续改进流程的一部分。

设施完整性的维持是一项贯穿于设施运行寿命的工作。作用于设施性能的管理环路能够保证使 FIEM 作为一个整体依照预期进行工作，并能帮助我们确定需要进行适当改变和改进的时间。

参 考 文 献

[1] Public report of the fire and explosion at the ConocoPhillips Humber Refinery on 16 April 2001, Health and Safety Executive, UK, http://www.hse.gov.uk/comah/ conocophillips.pdf

[2] Kyoto Protocol(2015). Website available at http://kyotoprotocol.com/default.aspx

[3] Macalister, T., Piper Alpha Disaster, The Guardian, Thursday 4 July 2013. Available at: http://www.the-guardian.com/business/2013/jul/04/piper-alpha-disaster-167-oil-rig

[4] Nypro Chemical Plant at Flixborough in the UK, Health and Safety Executive, UK http://www.hse.gov.uk/comah/sragtech/caseflixboroug74.htm

[5] Bow Tie Model for Hazard and Effect Analysis, ICI(1970), http://en.wikipedia.org/ wiki/Regulatory_Risk_Differentiation

[6] Kotter JP. Leading Change. Cambridge, MA: Harvard Business Review Press; 1996.

[7] Deming EW. Out of the Crisis. Cambridge, MA: The MIT Press; 2000.

[8] Public report of the fire and explosion at the ConocoPhillips Humber Refinery on 16 April 2001, Health and Safety Executive, UK, http://www.hse.gov.uk/comah/ conocophillips.pdf

[9] Control of Major Accident Hazards, COMAH Regulations, Seveso II Directive in Great Britain Health and Safety Executive, available at http://www.hse.gov.uk/comah/

[10] Environment Agency(EA)UK(2015), website available at https://www.gov.uk/ government/organisations/environment-agency

[11] British Standard, BS4778-Risk Management Definition, British Standard, BS4778.

[12] Public report of the fire and explosion at the ConocoPhillips Humber Refinery on 16 April 2001, Health and Safety Executive, UK, http://www.hse.gov.uk/comah/ conocophillips.pdf

[13] Kotter JP. Leading Change. Cambridge, MA: Harvard Business Review Press; 1996.

[14] Moubray J. P-F failure curve. Reliability-centered maintenance. 2nd ed. Industrial Press; 1997.

[15] Nowlan FS, Heap HF. Bathtub curve. Reliability-centered maintenance. Dolby Ac-cess Press; 1978.

[16] RCM Standard SAE JA1011, Society of Automotive Engineers, Standard JA1011, Evaluation Criteria for RCM Processes, available at http://www.sae.org/

[17] Arunraj, N. S. and Maiti, J. Risk-based maintenance: Techniques and applications, (Evolution of Mainte-nance), Journal of Hazardous Materials, Volume 142, Issue 3, 11 April 2007, pages 653-661.

[18] Nowlan, F. S. and Heap, H. F. DOD report number A066 - 579, Reliability - Centered Maintenance. United States Department of Defense. December 29th, 1978.

[19] Smith AM, Hinchcliffe GR. Preventive Maintenance. RCM—Gateway to World Class Maintenance. Elsevier; 2003.

[20] RCM Standard SAE JA1011, Society of Automotive Engineers, Standard JA1011, Evaluation Criteria for RCM Processes, available at http: //www. sae. org/

[21] United States Department of Defense(9 November 1949). MIL-P-1629-Procedures for performing a failure mode effect and critical analysis. Department of Defense(US).

[22] Standard J1739, Potential Failure Mode and Effects Analysis in Design(Design FMEA)SAE, Society of Auto-motive Engineers, SAE. http://www.sae.org/

[23] International Standard on Fault Mode and Effects Analysis, International Electrotech-nical Commission(IEC), Standard IEC 60812, Fault Mode and Effects Analysis.

[24] Deming, W. Edwards(2000). The New Economics for Industry, Government, Education(2nd ed.). MIT Press. ISBN 0-262-54116-5. OCLC 44162616.

[25] ISO (International Organization for Standardization), ISO Central Secretariat, avail-able at http://www.iso.org

[26] ISO (International Organization for Standardization), 19011: 2011, ISO 19011: 2011, Guidelines for auditing management systems. Available at http://www.iso.org

[27] Wagner, Robert W. Edgar Dale: Professional. Theory into Practice. Vol. 9, No. 2, Edgar Dale (Apr., 1970), pp. 89-95. Taylor & Francis, Ltd. http://www.jstor.org/ pss/1475566

[28] Drucker Institute, 2015, "Why Drucker Now?", available at http://www.druckerinstitute.com/peter-druckers-life-and-legacy/

[29] Kotter JP, Cohen D. The Heart of Change: Real-Life Stories of How People Change Their Organisations. Harvard Business Review Press; 2002.

[30] John P. Kotter(1996). Leading Change, Harvard Business Review Press, Jan 1, 1996.